QIAN HU 仟湖

新加坡仟湖鱼业集团
QIAN HU CORPORATION LIMITED
No. 71 Jalan Lekar Singapore 698950
T (65) 6766 7087 F (65) 6766 3995

ALBINO RED
AROWANA
GOLDEN   SILVER

北京（中国）Beijing Qian Hu
T (86)10 8431 2255 F (86)10 8431 6832

广州（中国）Guangzhou Qian Hu
T (86)20 8150 5341 F (86)20 8141 4937

上海（中国）Shanghai Qian Hu
T (86)21 6221 7181 F (86)21 6221 7461

马来西亚 Kim Kang Malaysia
T (60) 7415 2007 F (60) 7415 2017

泰国 Qian Hu Marketing (Thai)
T (66) 2902 6447 F (66) 2902 6446

印度 India Aquastar
T (91) 44 2553 0161 F 91 44 2553 0161

Seachem 西肯

美國　進口

淡海水系列
5倍濃縮

水草系列
建立水草缸-營養添加劑

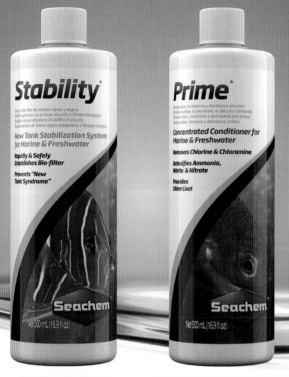

全效硝化菌	**除氯氨水質穩定劑**	**高濃液肥**	**神奇有機碳**
50ml / 100ml / 250ml / 500ml	50ml / 100ml / 250ml / 500ml	100ml / 250ml / 500ml / 2L	50ml / 100ml / 250ml / 500ml / 2L

3合1多功能刮刀

· 可伸縮 · 可安全隱藏刀片 · 可翻轉更換刮頭 · 自浮式設計 · 人體工學手柄

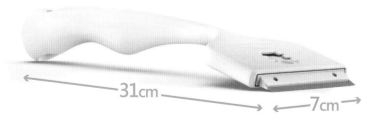

31cm　7cm

刀片組(3片入)	刮刀替換頭	替換綿(3片入)	金屬刀片	塑膠刮片	棉

宗洋水族有限公司
TZONG YANG AQUARIUM COMPANY., LTD.

TEL:886-6-2303818
www.tzong-yang.com.tw
E-mail:ista@tzong-yang.com.tw

魚づくりは水作り
Suisaku

PROHOSE ex 升級版

水作虹吸管 ex 升級版

只需簡單按壓
清洗魚虹輕輕鬆鬆

斜面握把設計
更符合人體工學不易滑手

●尺寸

水作虹吸管 S
プロホースエクストラ S
=300mm／φ16.2mm

水作虹吸管 M
プロホースエクストラ M
=340mm／φ27.5mm

水作虹吸管 L
プロホースエクストラ L
=440mm／φ27.5mm

換水、清洗底砂一次完成！

單手調節水流量
(附流量調節閥)

可固定於水桶上
(附水管固定夾)

上下擺動
啟動吸水

EX版矽膠材
質可完全密
合，空氣不
會滲入

全新升級矽
膠止逆閥吸
水力UP！

附按壓頭強
化環，增強
耐用度

淨水石系列 ストーンシリーズ

鬥魚淨水石
迅速建立鬥魚首選水質
理想的鬥魚養殖環境

金魚淨水石
迅速建立金魚首選水質
理想的金魚養殖環境

小型魚淨水石
迅速建立小型魚首選水質
理想的小型魚養殖環境

烏龜淨水石
迅速建立烏龜首選水質
理想的烏龜養殖環境

宗洋水族有限公司
TZONG YANG AQUARIUM COMPANY., LTD.

TEL:886-6-2303818
www.tzong-yang.com.tw
E-mail:ista@tzong-yang.com.tw

三段式定溫加溫器
Fixed Temperature Heater
Setting Temperature 25℃、28℃、33℃

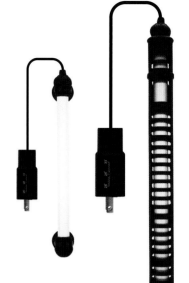

- 離水自動斷電
- 防爆石英管
- 三段式定溫
- 雙感應器

附石英管
微電腦雙顯雙迴路控溫器

#雙繼電器設計
#具警報、斷電系統
#全電壓設計

雙面、雙孔
多功能插座

雙繼電器
雙重安全保護

雙螢幕

單 / 雙顯內置控溫器 沉水式
Single / Dual Display
Internal Heater

離水斷電保護
紅外線遙控設定
雙感應器保護
U型防爆加熱管

雙顯內置控溫器

單顯內置控溫器
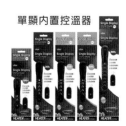

 100w 200w 300w 500w 900w

 宗洋水族有限公司
TZONG YANG AQUARIUM COMPANY.,LTD.

TEL:886-6-2303818
www.tzong-yang.com.tw
E-mail:ista@tzong-yang.com.tw

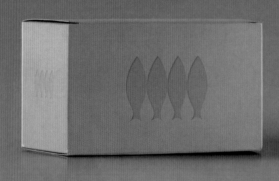

Are you ready for a 21ˢᵗ century tropical fish & shrimp exporter?

QUICK DELIVERY

we strive to meet
72h
delivery

We serve our clients in over 26 countries around the globe with a quick over the air delivery, the most convenient route to the destination and direct delivery updates.

TRUE VARIETY

over
500
species

With over 500 species of ornamental fish and shrimp together with special products of limited availability we provide a true variety for your business performance.

GENUINE CARE

OFI member since
2002

Customer care is our utmost priority. As our client, you will receive a direct and fast support at any time of the week.

We build our business with transparency in mind.

Jy Lin Trading Company featured on

BBC **REUTERS** **©CBSN** **NATIONAL GEOGRAPHIC**

Join us!

email **jylin@tropicalfish.tw** or visit **www.ornamentalfish.com.tw**

太空水质净化滤材
美国太空总署选择了
喜瑞环

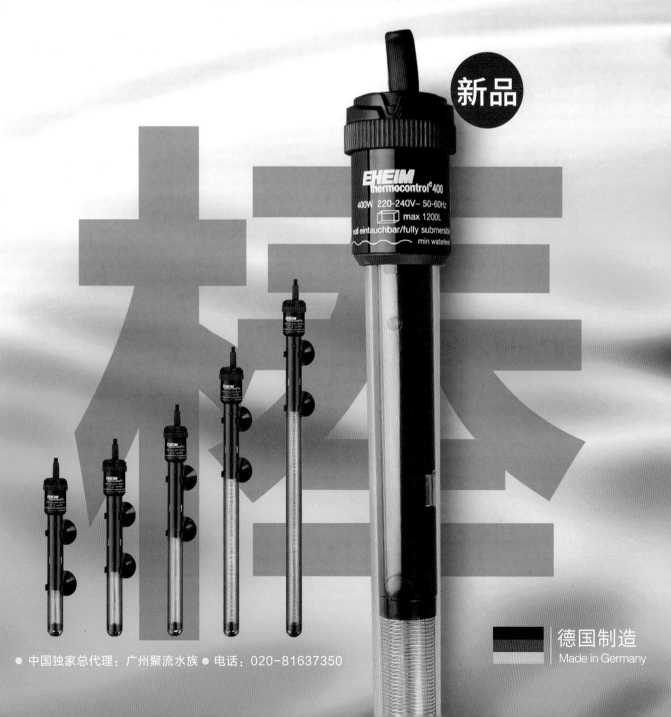

AQUALEX®

魚缸的守護者　水力士

硝化菌、礦物質調整劑、飼料、水草液肥、各式底床、濾材、水族酵素與活菌

SL AQUA

淞亮股份有限公司

台灣金品牌

TAIWAN GOLDEN BRAND PRODUCTS
台灣金品牌產品

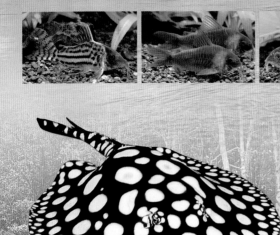

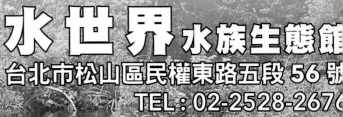

Multi-Purpose Used
Fish Breeder Box

- Safe & Secure nursery for live bearer fish
- Ideal for isolating spawning or weak fish
- Space saving design
- Ideal for holding pregnant females, sick or injured fish and aggressive fish

S

M

L

XL

◆ 側邊浮桶式設計，即使不用吸盤固定，也能自浮於水面。

◆ 附活動式隔離座，可讓剛出生之小魚迅速掉落底層、避免被母魚吃掉。

◆ 將隔離座取出，可飼養幼魚、小型魚、鬥魚、受傷或新進的魚隻。

◆ 附上蓋，可防止母魚跳出或其他公魚跳入，影響繁殖生育大計。

同發水族器材有限公司
http://www.tung-fa.com.tw
mail box: tandfwatersu@outlook.com
台灣 電話：886-2-26712575
台灣 傳真：886-2-26712582

誠徵 中國各地區代理

中國分公司：**廣州循威水族器材公司**
http://www.gol.fish
Tel：17724264866　蘇先生
廣州市荔灣區越和花鳥魚虫批發市場A110

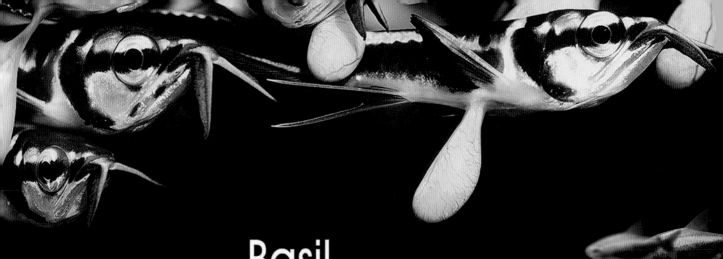

芳村花鸟鱼虫新世界

芳村花鸟鱼虫新世界简介

广州市百艺城广场物业管理有限公司建设运营的芳村花鸟鱼虫新世界项目，位于广州花卉博览园内，　是在2003年国家、省、市、区四级政府投资1.49亿元建成的大型场馆基础上，于2017年10月由广东音像城集团再投入1.2亿元资金升级改造而成。整个场馆以陶瓷书画、精品工艺、古典家具、根雕木艺、水族渔具、园林园艺、奇石古玩、宠物宠艺等为主题，依托强大的产业支撑，整合资源。助力花鸟鱼虫产业升级，为行业厂家、采购商、消费者提供高效产销平台。通过努力，将成为广州花鸟鱼虫类观赏休闲的信息中心、文化中心、交易中心、展贸中心、物流中心、培训中心和旅游集散中心，成为一个全新的现代化观赏休闲品专业市场。

广州百艺城总规划面积250亩，现有场馆占地面积54800平方米，目前已建成商铺1300余间规划设计了工艺品馆(A、B馆)、水族馆(C、D、E、F馆)、雀鸟馆(G馆)、宠物馆(H馆)、爬虫馆(J馆)、物流区(K馆)，招商方向主要为工艺品，水族、雀鸟、宠物、爬虫活体及器材用品和饲料等，目前招商进度已达到95%。

芳村花鸟鱼虫新世界一经推出，就受到了社会各界的密切关注，市场反馈也远超预期。为进一步完善市场业态打造荔湾区"花鸟鱼虫"名片，促进荔湾区的经济发展和人文、社会发展，我司正在紧锣密鼓地加快建设雀鸟馆、宠物馆及场馆所需的立体式停车场、物流区等配套设施。

目前,芳村花鸟鱼虫新世界已被列入荔湾区2019年重点建设项目计划，项目已与多个金融机构、花鸟鱼虫行业协会、互联网企业达成战略合作意向，并与多家花鸟鱼虫龙头企业签订合同。同时，正在积极推进诸如项目交易平台、检验检疫中心、花鸟鱼虫互联网平台、科普馆等配套体系建设。除此之外，项目还规划了行业协会办公区、电子商务中心、物流区和立体式停车场。芳村花鸟鱼虫新世界坐落于"荔湾融入粤港演大满区示范区"和"广佛同城先导区"内，依托优越的地理位置借助雄厚的产业基础，对标国际标准，高规格建设全中国最大国际观赏休闲品专业市场。

地址：广州市荔湾区花博大道25
（广州花卉博览园内）

电话：020-86539787/865397

台灣孔雀魚推廣協會
Taiwan Guppy Popularize Association

宗旨：

本會為依法設立、非以營利為目的之社會團體。以推廣台灣純系孔雀魚之美至國際社會為重要使命。將積極培育高品質之孔雀魚參與國際間賽事，以爭取獲獎榮耀為團體之最高目標。未來本會將培訓國內更多孔雀魚之飼育選手以及評審為台灣爭光為本會宗旨。

孔雀魚是家喻戶曉的人氣魚種，牠飼養簡單，不用太多複雜的設備。只要用心照顧通常可以在一個月內享受到欣賞魚的天倫之樂。是與孩子建立好關係的好寵物，只要家裡空間允許，一個小魚缸，就是與孩子最好的溝通橋樑。養魚的孩子不會變壞，因為只要賦予使命，可以培養責任感、對小動物的愛心。現代人精神壓力都非常大，一個小魚缸，簡單水草佈景，搭配美艷的孔雀魚就是最佳的療癒幫手。

任務：

一、推廣台灣純系孔雀魚之美至國際社會

二、帶動全民燃起飼育純系孔雀魚之興趣

三、教育全民正確飼養純系孔雀魚之觀念。加入本會除可獲得正確培育孔雀魚之方式外，培養成員對於各品系之孔雀魚選美要領的認知才是關鍵，更希望透過團隊力量之凝結，將每位成員的專長能力發揮至極致，並鍛鍊自己成為種子孜孜不倦地推廣本會理念及教育新進

四、培訓更多飼養孔雀魚的選手以及評審

五、定期舉辦團康活動促進團體成員感情和睦

六、定期舉辦飼育孔雀魚之相關教學課程、活動，以致能帶動更多國人產生興趣與培養比賽級之孔雀魚，進而提昇國人養魚能力

歡迎加入
台灣孔雀魚推廣協會
www.twguppy.org

台灣孔雀魚推廣協會
統一編號：38649061
立案證號：台內團字第1030328885號
會址：台北市大同區重慶北路三段74號
電話：(02) 2595-2886

頂極水族工程有限公司
Top Aquarium Engineering Co., Ltd

台北市大同區重慶北路三段74號
0928-700-125 曾皇傑
www.taeaqua.com

　　我們從魚缸系統的規劃、魚隻的放養以及日後的維護方式擁有二十多年的經驗，時常面臨解決許多不同要求的客戶問題，花了不少心思研究每種魚種最適切的生存環境，才能規劃最得宜的設備給照顧我們的每一位支持的客戶。本公司以挑戰極限、追求卓越、永續學習的精神來完成每個客戶交付的使命，每個作品都以代表做的心態來承接設計。「深耕台灣‧發展全球」為公司長期策略方針，我們將一直努力邁進。

❖ 擁有60種以上純系孔雀魚品種 / 438缸孔雀魚繁殖場

❖ 國際孔雀魚評審 / 100座以上 孔雀魚比賽得獎殊榮

❖ 純系孔雀魚展覽合作

❖ 孔雀魚養殖系統魚缸　規劃製作

❖ 孔雀魚比賽承攬規劃

❖ 在地專業品牌20年　購物有保障　全國宅配服務

❖ 孔雀魚新手入門　玩家進階　副業經營顧問的最佳平台

TGA
Taiwan Guppy Association
台灣孔雀魚協會

The 20th World

W.G.C 歷屆世界盃主辦國
1996：01.WGC. 大阪/日本
1997：02.WGC. 紐倫堡/德國
1998：03.WGC. 居鑾沃基/荷蘭
1999：04.WGC. 里約熱內盧/巴西
2000：05.WGC. 維也納/奧地利
2001：06.WGC. 布拉格/捷克
2002：07.WGC. 紐倫堡/德國
2003：08.WGC. 桑民斯/巴西
2004：09.WGC. 居鑾沃基/荷蘭
2005：10.WGC. 台北/台灣
2006：11.WGC. 布拉格/捷克
2007：12.WGC. 巴西利亞/巴西
2009：14.WGC. 費拉拉/義大利
2011：15.WGC. 波士頓/美國
2013：16.WGC. 吉隆坡/馬來西亞
2014：17.WGC. 天津/中國
2015：18.WGC. 佛羅里達/美國
2016：19.WGC. 維也納/奧地利

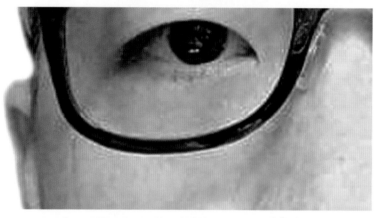

INTERNATIONAL POLISH CHAMPIONSHIP GUPPY PAIRS & SHOW
MIĘDZYNARODOWE MISTRZOSTWA POLSKI GUPIKÓW PAR I WYSTAWA

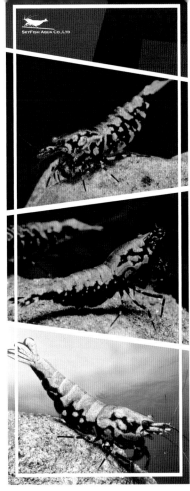

SKY FISH 天空魚

SKYFISH AQUA CO.,LTD
http://skyfish-aqua.com
No.13, Yuanxi 2nd rd., Changzhi Township
Pingtung County 908 Taiwan
Tel : +886 8 762 7706   Fax : +886 8 762 7716

E-mail：skyfish-online@gmail.com
Tel：(08)-762-7706 Fax：(08)-762-7716
地址：屏東縣長治鄉園西二路13號

ANA TAIWAN

FB 粉絲專頁　　FB 社團　　台鼠綜

鼠魚資訊最快、最新、最夯的園

甲第坊孔雀鱼工作室

姓名：蔡可平　　电话：13600124519

微信号：kpcai2294499

Facebook：Ke Ping Cai　蔡可平

地址：中国广东省潮州市

Cocoa

DREAM
孔雀鱼俱乐部

　　Dream孔雀鱼俱乐部是由一群热爱孔雀鱼的爱好者自发组织的俱乐部组织，俱乐部自成立以来，得到了国内众多知名孔雀鱼大师的鼎力支持。

　　Dream孔雀鱼俱乐部本着为孔雀鱼爱好者服务为宗旨。以"让我们一起为孔雀鱼疯狂"为口号。多次获得国内外比赛奖杯，并且多次组织孔雀鱼沙龙真诚的为每一位爱好孔雀鱼的鱼友提供服务。

俱乐部由知名孔雀鱼大师鼎力支持
SUPPORTED BY WELL-KNOWN MASTERS IN CHINA

俱乐部全体成员历年获奖荣誉一览

2016年亚太孔雀鱼国际竞标赛全场总冠军，三角尾白子素色组冠军，多公组冠军。
2017年马来西亚三角尾尾属蓝鱼组冠亚军和季军。
2017年5月世界孔雀鱼冠军挑战赛三角尾白子素色组亚军。
2017年9月海茗薇杯三角尾白子素色组冠军和亚军。
2017年11月长城杯世界孔雀鱼白子素色组季军，亚成纹路组亚军。
2018年海茗薇杯白子素色组季军。
2018年9月获得第21届孔雀鱼世界杯，巴西-纳塔尔，喜获冠尾组--季军。
2018年泰国国王杯马赛克组季军。
2018年菲律宾荣耀杯，长鳍组季军。
2018年菲律宾商务孔雀鱼大赛，单蓝组亚军，马赛克组亚军，草尾组亚军，白子素色组 亚军，公开组冠军。
2019年世界AQUARAMA孔雀鱼冠军挑战赛，礼服组亚军，礼服组季军，公开组亚军，草尾组季军，特殊尾
2019年3月济南晨样杯红组季军，单蓝组季军。
2019年6月AQ世界孔雀鱼挑战赛特殊尾形大尾组组冠军。亚成素色组亚军。
2019年马来西亚周天央杯单蓝色亚成组亚军第二名。
2019年第五届华晨杯孔雀鱼国际鱼大赛白子素色组亚军，礼服组季军，白子纹路组季军，特殊尾小尾组季军
2019年印度尼西亚全红白子组亚军。
2019年比利时公开赛，旗尾组冠军。
2019年企龙杯国际孔雀鱼挑战赛，单蓝组冠军，长鳍组季军。
2019年比利时公开赛，剑尾组亚军。
2019年印度尼西亚全红白子组亚军。
2019年第五届华晨杯孔雀鱼国际鱼大赛白子素色组亚军，礼服组季军，白子纹路组季军，特殊尾小尾组季军
2019年CGDC第六届孔雀鱼锦标赛
单蓝组SOLID BLUE DELTA TAIL 亚军　蛇纹组SNAKE SKIN DELTA TAIL 季军
白子纹组ALBINO PATTEM DELTA TAIL 冠军 亚军　底剑组BOTTOM SWORD TAIL 亚军
特殊尾SHORT TAIL 冠军　圆尾组ROUND TAIL 冠军　矛尾组SPEAR TAIL 季军　幼鱼野生组JUVENILE 冠

俱乐部主席　DREAM
电话：13381881199
邮箱：424731164@QQ.COM

俱乐部副主席　火海
电话：13103125107
邮箱：81371005@QQ.COM

俱乐部技术顾问 一切都好
电话：13702153679
邮箱：363424479@QQ.COM

DREAM孔雀鱼俱乐部 鱼室一角
A CORNER OF THE FISH CHAMBER

[魚蝦水草·水族設備]
一站式
購物體驗
1.
動動手指
2.
收貨開箱
快掃QRcode
草影水族
草影水族
A-charming

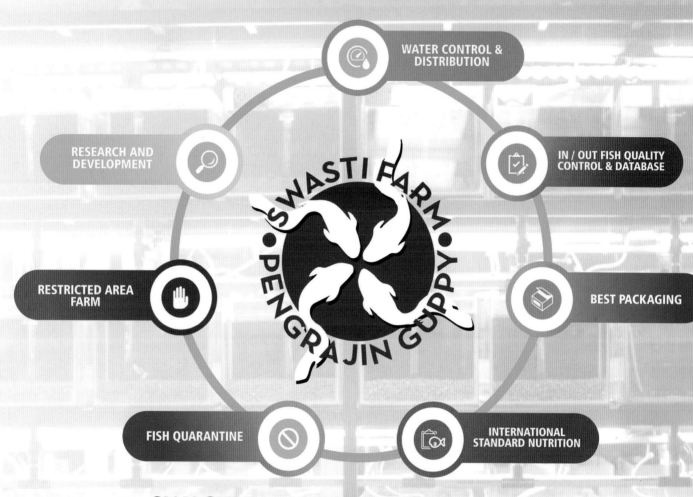
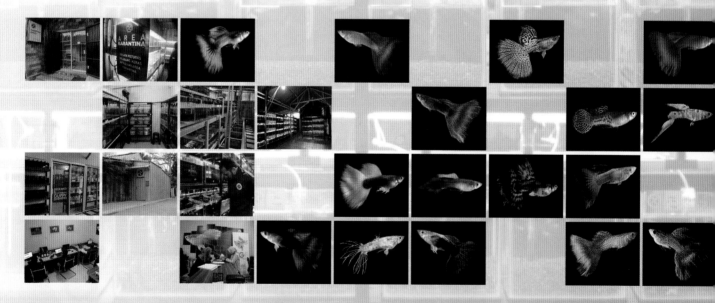

Aqua Ceylon International (Pvt) Ltd.

Fish 'IN the World Sri Lankan

Breeder & Exporter Of live tropical fish to international market

Our products are

- Fresh water fish
- Brackish water fish
- Marine fish & Invertebrates

Member of

www.aquaceylon.com

Aqua Ceylon International (Pvt) Ltd
Diulgahapitiya Waththa, Pallegama,
Elibichchiya,Sri Lanka

sales@aquaceylon.com

+94 37 455 0570

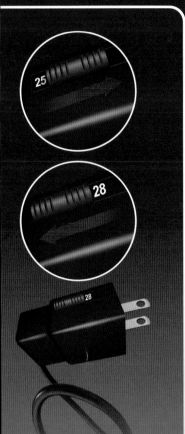

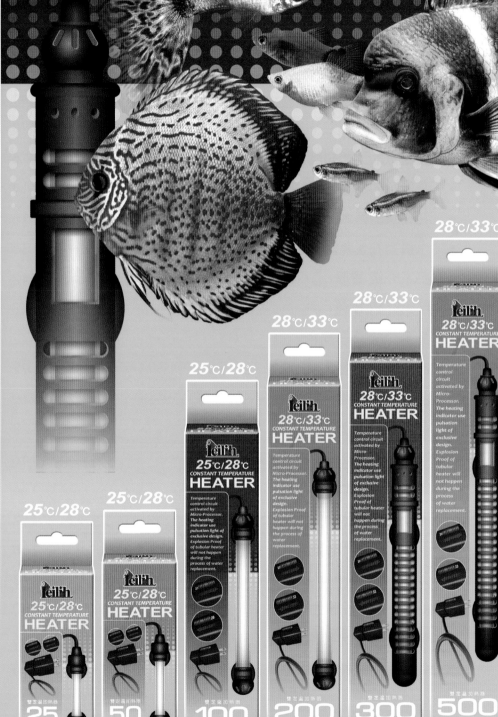

leilih

CONSTANT TEMPERATURE HEATER

雙定溫加熱器

- 採用進口水族專用微電腦控制晶片，穩定性極高，水族專用加溫器。
- 採用美國"康寧鍋"同等級耐及高溫石英管，耐熱等級高達1000℃，不會因換水所產生的水溫溫度差或空燒入水造成外管炸裂，真正防爆，可媲美德國一級加溫器的防爆特性，壽命長、安全性高。
- 內藏式感溫器，簡化安裝及美觀，具漏水自動斷電及自動復歸功能，全功能保護。

- Microprocessor Thermostat: The most advanced is utilized to control temperature on 25 or 28℃ (28 or 33℃).
- Temperature control circuit activated by Micro-Processor allows an accuracy of ±1℃.
- The heating indicator use pulsation light of exclusive design.
- Explosion Proof of tubular heater will not happen during the process of water replacement.
- The Conform with CNS13783-1 CNS3765. ISO/IEC60335-2-55 qualified of standard.

25℃/28℃ **CT-025** 25 W
25℃/28℃ **CT-050** 50 W
25℃/28℃ **CT-100** 100 W
28℃/33℃ **CT-200** 200 W
28℃/33℃ **CT-300** 300 W
28℃/33℃ **CT-500** 500 W

鑄力系列產品 leilih
天然水族器材有限公司
Tian Ran Aquarium Equipment Co., Ltd.
http://www.leilih.com
Tel: 886-6-3661318
Fax: 886-6-2667189
Email: lei.lih@msa.hinet.net
中國(大陸)聯絡處
楊忠安: +86-13826162135
QQ: 2370054656
e-mail: topaqua@163.com

目錄 CONTENTS

主編／Chief editor
林安鐸 Andrew Lim

出版／Published by
魚雜誌社 Fish Magazine Taiwan

發行人／Publisher
蔣孝明 Nathan Chiang

美術總編／Art Supervisor
陳冠霖 Lynn Chen

攝影／Photographer
蔣孝明 Nathan Chiang
the others are illustrated under the photo of the credit

聯絡信箱／Mail Box
22299 深坑郵局第5-85號信箱
P.O.BOX 5-85 Shenkeng, New Taipei City
22299 Taiwan

電話／Phone Number
+886-2-26628587

傳真／Fax Number
+886-2-26625595

電子信箱／E-mail
fishbook168@gmail.com

出版日期 2019年10月 初版

First published in Taiwan in 2019
Copyright © Fish Magazine Taiwan 2019

國家圖書館出版品預行編目（CIP）資料

世界孔雀魚寶典 / 林安鐸主編. -- 新北市：魚雜誌,
2019.10- 冊； 公分
ISBN 978-986-97406-1-6(第1冊：精裝). --
ISBN 978-986-97406-2-3(第2冊：精裝)

1.養魚

438.667   108017111

🄵 魚雜誌社 Fish Magazine TW 🔍

世界 Guppypedia 1
孔雀魚寶典

主編的話

其實很多年前，我就有想要出版一本孔雀魚專書的意願，希望把我這十幾年來來東征北伐的孔雀魚之旅分享給更多的人。前幾年也有出版社找過我，不過因為當時太多繁忙的事務纏身，加上當年還在趕碩士論文，每天早上還要去上 3 個小時的德文課程，於是便輕輕的帶過了。直到 2018 年，相識多年的 Nathan 蔣社長在上海與我見面的時候談到出版孔雀魚寶典的事宜，我覺得事機到了，於是便不假思索的答應了。

2019 年春節后我開始籌備這本書的寫稿和編排流程，配合老蔣 4 月份開始的中國大陸南征北伐拍照之旅，期望在 5 月底的 Aquarama 展可以讓讀者買回去好好欣賞。可惜因為需要拍照的魚太多，加上一些訪問稿總是欠缺一些什麼的，一直要跟受訪人不斷的要求照片和改稿，再加上完美主義的作祟，於是這本書就一直拖到 2019 年 10 月中旬才跟各位魚友見面！

我們會選擇以一書二冊的方式出版，就是因為內有太多的照片，應該有超過 1000 張高清的孔雀魚圖片，加上一些我們亞洲玩家比較少接觸的歐美玩家的魚室採訪。當然也少不了基因之談，還有孔雀魚的一些基本飼養和疾病預防等等。再來就是大家都很渴望了解的孔雀魚評分制度等等。所以說這本書，無論是對新手或老鳥，進階或者是初級的玩家都非常有珍藏的價值，畢竟，本地中文出版社已經有 15 年未有出版孔雀魚的專書了！

《孔雀魚寶典》是本編和蔣社長 - 歷經飛行 20 萬公里，15 年的嘔心瀝血之作！希望讀者能夠好好享受這本書所帶來的視覺震撼，並從本書中獲取從網路上無法攝取得到的資訊。我們答應您，下一本孔雀魚專書，不會再讓你再等 15 年！

Andrew Lim.

2010 年主辦吉隆坡 Aquafair 孔雀魚比賽並頒發評審証給與日本的岩崎登先生

2015 年新加坡 Aquarama 展為主要講員之一

2017 年新加坡 Aquarealm 水族論壇擔任講員並主持論壇講座

2018 年受邀到基隆海洋大學授課，後與系主任龔教授（左一）和學生們合影

2018 年 Aquarama 以裁判長的身份與各位評審和主辦人合影

頭銜 Designation:

- Past President, World Guppy Association (2013-2014)
世界孔雀魚協會會長 （2013-2014）
- Asia-Pacific Director, International Guppy Education and Exhibition Society (2006-Present)
世界孔雀魚推廣暨教育協會 -- 創會人之一兼亞太區負責人
- Co-founder,Past President and Current Advisor, Malaysia Guppy Club (2012-Present)
馬來西亞孔雀魚俱樂部創會人之一兼顧問

評委記錄 Judging Experiences:

- 2006 1st Malaysia Guppy Competition
- 2006 Aquafair Guppy Competition, Malaysia
- 2006 Singapore Guppy Competition, Singapore Poly
- 2008 MGC 1st Internet Guppy Competition
- 2009 4th Malaysia Guppy Competition
- 2009 Aquarama Guppy Competition, Singapore
- 2010 2nd Aquariya Guppy Competition, Dubai, UAE
- 2010 1st Taiwan Show Betta Competition, Kaohsiung, Taiwan
- 2010 Gusamo 16th Guppy Competition, Seoul, Korea
- 2010 Aquafair Guppy Competition, Kuala Lumpur, Malaysia
- 2010 IGEES Internet Guppy Competition
- 2011 Arofanatic Carnival Guppy Competition, Singapore
- 2011 Taipei Aqua Show Guppy Competition, Taiwan
- 2011 WGC & IGEES GuppyCon, Boston, USA
- 2012 3rd Aquariya Guppy Competition, Dubai, UAE
- 2012 Lanaken Guppy Competition, Belgium (IKGH European League)
- 2013 Aquafiesta Guppy Competition, Manila, Philippines
- 2013 Aquarama Guppy Competition, Singapore
- 2014 17th World Guppy Contest, Tianjin, China
- 2014 1st Taiwan Guppy Beauty Contest, Taipei, Taiwan
- 2014 CIPS, 1st International Shrimp Contest, Beijing, China
- 2015 Aquarama Shrimps Competition, Singapore
- 2015 1st Asia Cup Guppy Competition, Tianjin, China
- 2015 1st Intercontinental Guppy Competition, Dortmund, Germany
- 2016 Aquarama Shrimps Competition, Guangzhou, China
- 2016 World Guppy Contest, Vienna, Austria
- 2016 Nusatic Expo Guppy Competition, Jakarta, Indonesia
- 2016 6th World Guppy Beauty Competition , Taipei, Taiwan
- 2016 1st Hong Kong Shadow Cup Guppy Competition, Hong Kong
- 2016 1st Malaysia Aquascape Seed Competition
- 2016 1st Nusatic Expo Guppy Competition, Jakarta, Indonesia
- 2017 9th World Guppy Beauty Competition, Yilan, Taiwan
- 2017 1st Intercontinental Guppy Challenge, Hasselt , Belgium
- 2017 Aquarama Guppy Competition, Guangzhou, China (Head Judge)
- 2017 2nd Nusatic Expo Guppy Competition, Jakarta, Indonesia
- 2018 3rd Asia Cup Guppy Competition, Bangkok, Thailand
- 2018 16th Singapore Regional Guppy Competition, Singapore
- 2018 Aquarama Guppy Competition, Shanghai, China
- 2018 3rd Nusatic Expo Guppy Competition, Jakarta, Indonesia
- 2019 3rd Intercontinental Guppy Challenge, Hasselt, Belgium
- 2019 Aquarama Guppy Competition, Guangzhou, China (Head Judge)
- 2019 Swasti International Guppy Festival , Jogjakarta, Indonesia

得獎記錄：

2015

1st Asia Cup Guppy Competition, Tianjin, China

- AOC, Champion

2014

17th World Guppy Contest

- Speartail , 3rd Place
- FlagTail, 3rd Place
- AOC, 2nd Place

2011

Aquarama Singapore-Guppy Competition

- Group 8 Champion
- Group 1 1st Runner Up

8th Malaysia Guppy Competition, KL

- Extended Tail- 1st Runner Up

2010

TaiNan Guppy Competition, Tainan, Taiwan

- 1st Runner-up---Swordtail

Taipei AquaExpo Guppy Competition, Taipei, Taiwan

- 2nd Runner up--Swordtail

2009

Thailand Ornamental Fish Competition@The Mall

- Guppy Section-Champion-Snakeskin and Lace

British Livebearer Association Annual Show-Nottingham

- Champion- Speartail Class

IFGA Michigan Show

- 3rd placing in albino fullred female

WGA World Cup Guppy Competition, Ferrara, Italy

- 1st runner up, Spear tail category
- Aquarama 2009, Singapore
- Discus , 2nd runner up, Pigeon category

Molinezia Guppy Competition , Poland

- 3rd placing- Doublesword
- 2nd placing- Speartail

2008

Italy Guppy Competition:

- 4th placing in short tail category

Korea Gusamo 2nd Asia Guppy Championship:

- 1st runner up in short tail catergory

Singapore Guppy Competition:

- 1st runner up in lace/snake skin catergory
- 2nd runner up in short tail catergory

2007

2nd Malaysia Guppy Championship:

- Champion, 1st runner up and 2nd runner up in roundtail and swordtail catergory

Taiwan 5036 Cup Guppy Competition:

- 1st runner up in junior catergory

Taiwan 5036 Cup Betta Competition:

- Grand Champion (Red plakat)

Aquarama Singapore 2007:

- Champion and 1st runner up in short tail catergory
- 1st runner up in short tail group catergory
- 2nd runner up in sword tail catergory.

Guppies.com online Competition:

- Fish of the year. (Blue grass)

2006

1st Malaysia Guppy Championship:

- Champion and 2nd runner up in roundtail and swordtail catergory

演講記錄：Public Speaking:

- 2011 Aquarama Singaopre
Transform of Guppy-From Drain to Glory
- 2012 Aquariya Dubai
Creative Guppy Breeding Techniques
- 2013 Aquafiesta Philippines
Basic Guppy Keeping Techhniques and Judging Criteria
- 2013 Aquarama Singapore
Drain to Glory II -- Advanced Techniques in Keeping Guppies and Preparing your Guppy for Competition
- 2014 Ornamental Kerala , India
The tips of breeding and keeping guppy
- 2014 Aquariya Dubai
Genetics and transformation of guppy from domestic to commercial fish
- 2015 Aquarama Singapore
From Drain to Glory III --Knowing the genetics of guppy for your own creation and a tour of fishrooms from famous breeders across the globe
- 2017 2nd Sri Lanka International Ornamental Fish Trade Conference 2017
"International Guppy Market Trends and Outlook".
- 2017 Aquarealm Singapore
"The Fundamentals of Keeping Pure Strain Guppies, with a Fresh Look at Guppy System Tanks"
- 2018 台灣基隆海洋大學
新穎觀賞水族品系與創新技術之窺探孔雀魚之美

Special thanks for the following Guppy breeders

特別感謝以下標列來自世界各地的孔雀魚繁殖家的精煉魚種協助拍攝，以致能完成本書在品種上囊括度、完全性

（人物照片排序為隨機擺放）

黃嶸

曾皇傑

呂安仕

陳彥豪

廖志軒

吳欽鴻

王宏銘

王仁佑

李福隆

張世宏

邱智群

鍾景翔

莊棞昊

Ralf Loch

Jan Hustinx

Thomas Reiß

Hermann-Ernst Magoschitz

Jens Bergner

Krisztián Medveczki

Eddy Vanvoorden

Stephen Elliott

陳志雄

Tuan Norul Amri

陳康桐

吉爾佶

蔡可平

養魚人

叢雲琦

孫鐵軍（旭日）

王洋

張守智

王鵬

許磊

葛濤

韓明均（悍馬）

鍾興民　　黃柏龍　　吳昇鴻　　王耀德　　尤兆旭　　楊景翔

李威　　黃冠之　　黃廣利　　楊明湘　　蔡銘宏

徐明瑋　　沈小川　　蔡捷貴　　林家宏　　陳嘉賓　　李冠儀

Jacek Ambrożkiewicz　　Michael Driesman　　李濟臺　　蘇耀龍　　蘇志忠 Helven Saw

許天仁　　小騏　　小成　　李敏超（阿神）　　崔學初（和弦）　　許華保

鄭匡佑　　徐曉軍（假行僧）　　張睿（特立魚）　　廖嘉申 小黑（特立魚）　　毛昕微（特立魚）　　蔡勁

史延巍　　張衛鴻（紅綠燈）　　趙松（戰鷹）　　費路傑　　王作為

孔雀魚的入門知識

　　一般我們提到孔雀魚，直覺上都會以為牠就是大肚魚，但是卻比較漂亮。關於牠的資訊其實在許多的相關書籍上都有頗多的記載，本書特將它們整理一下，以提供大家明確分辨及導正長期來不大正確的觀念、印象。

孔雀魚的基本簡介

英名 Common Name：

　　Guppy

分類學上定位 Scientific Classification：

　　◎ 界：動物界（*Animalia*）

　　◎ 門：脊索動物門（*Phylum Chordata*）
　　　　　脊椎動物亞門（*Subphylum Vertebrata*）

　　◎ 綱：硬骨魚綱（*Class Osteichthyes*）
　　　　　條鰭亞綱（*Actinopyerygii*）
　　　　　正真骨下組（*Euteleostei*）

　　◎ 目：目（*Cyprinodontiformes*）

　　◎ 科：卵胎生鱂魚科（*Poeciliidae*）

　　◎ 屬：胎（花鱂）屬（*Poecilia*）

　　◎ 種：孔雀魚（*reticulata*）

學名 Scientific Name：

　　Poecilia reticulata

特點：

　　◎ 淡水魚、但屬廣鹽性魚類，耐鹽性強

　　◎ 同其他卵胎生鱂魚科花鱂屬一樣，身體無側線

　　◎ 公魚臀鰭特化成交接器，行體內受精

　　◎ 卵胎生。

基本飼育資料（以原種為準）：

　　◎ 分　佈：原產於中、南美洲、現在分布於全世界

　　◎ 體　型：3~5cm（成魚）

　　◎ 水　溫：20~26℃

　　◎ 水　質：pH6.8~7.2

　　◎ 食　性：雜食性、偏好活餌

　　◎ 懷孕週期：15 天至四個月，平均 23 天

體型特徵

野生孔雀和大肚魚有何不同？

　　台灣人俗稱的"大肚魚"，應是指日據時代日本衛生單位為了杜絕台灣寶島的蚊蠅孳生、傳染病肆虐，而引進的食蚊魚屬（Gambusia）（英名 Mosquitofish），並無豔麗的外表，只有身強體健的生存在台灣的大小河川池塘裏，辛苦地捕食孑子（蚊子的幼蟲）默默地來悍衛台灣。

　　而台灣所稱的"孔雀魚"，一般均指為有著大尾巴，色彩豔麗又好養的人工改良品系的卵胎生鱂魚科，因其漂亮的三角尾，如同公孔雀開屏般漂亮，所以將這類的魚稱為孔雀魚。

　　當然這兩種均為卵胎生鱂魚科的魚類（但同科不同屬喔！食蚊魚原產於美國中部，孔雀魚則原分布在中南美洲，而食蚊魚屬與胎屬明顯的分類區別：是在背鰭鰭條的多寡 -- 食蚊魚屬只有 6~10 條，胎屬則有 16~20 條，雖受歡迎的程度不同，但都同樣具有易養、好生，且喜吃孑子，而受許多國家的水族市場青睞！

　　一般印象中，孔雀魚公魚身體瘦長，全身顏色豔麗，尤如身穿大禮服般的碩大尾鰭。母魚則肚子凸出，顏色淡薄甚至沒任何顏色，有點類似大肚魚。

其實，從外觀上可以辨別大肚魚與孔雀魚的差異！孔雀魚與大肚魚的樣子如圖：

大肚魚與孔雀魚分辨法（以野生種為準）如下：

公食蚊魚
大肚魚（食蚊魚）從體側看身體較瘦長，交接器也較細長

公野生孔雀魚
孔雀魚從體側看來則較短寬，交接器也較粗，身體及尾部有較多色彩

公霍氏食蚊魚（*Gambusia holbrooki*）

母食蚊魚
大肚魚（食蚊魚）從體側看胎斑較偏藍，肚子較圓，體表較光滑無紋路

母野生孔雀魚
孔雀魚從體側看來胎斑較紅或較黑，腹部的形狀較長圓，體表有較明顯淡淡的網紋

母霍氏食蚊魚（*Gambusia holbrooki*）

孔雀魚各部名稱　◀ ◀ ◀ ◀ ◀

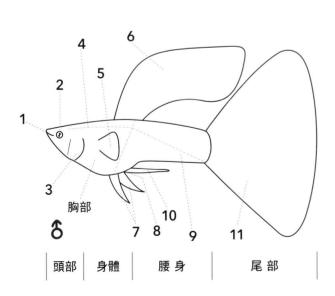

♂

| 頭部 | 身體 | 腰 身 | 尾 部 |

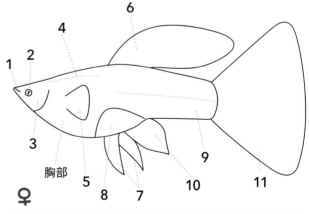

♀

頭部	身體	腰身		尾部
1 口	4 頭線	9 腰身（尾柄）		11 尾鰭
2 眼	5 胸鰭	10	母：臀鰭	
3 鰓	6 背鰭		公：交接器	
	7 腹鰭			
	8 洩殖腔			

頭部

口部

　　因為孔雀魚的嘴開口朝上的緣故，所以牠們比較適合攝食水面或水域上層的食餌，但其實牠也能自由攝食底部的沉餌或藻類。

嘴部的特寫
有些品系如霓虹禮服或是白金等品系的嘴部上也會有顏色，因此，可以此作為判定品系的一個依據

瑪姜塔嘴部特寫
嘴部帶有金屬色澤的例子，一些帶有霓虹或類似基因的品系，其嘴部常會有金屬光澤的表現個體

丹頂紅尾禮服的嘴部特寫
嘴部帶有紅色色澤的例子，一些單色品系的孔雀魚如紅尾或黑尾…等，其嘴部都會有同色系的顏色呈現，如同染上不同色的唇膏般，很有趣味

眼睛

　　目前已知孔雀魚的眼睛顏色有三種：

1. 黑眼（正常型）

2. 真紅眼（血紅色；白子）

3. 酒紅眼（暗紅色；白子）

* 兩種白子的眼色均屬於隱性的體染色體遺傳。

* 眼色也是可判定孔雀魚品系分類的依據之一。

* 由於缺乏黑色素的多寡，而使眼色呈現不同的紅色。這裡所呈現的紅色是因為眼部血管中血液的緣故。其中酒紅眼一般認為它是不完全缺乏黑色素的白子表現。

黑眼（正常型）

真紅眼（血紅色；白子）

酒紅眼（暗紅色；白子）

酒紅眼品系的判別法：

1. 眼睛的紅色需從一定的角度斜看其眼睛方會呈現暗紅色。

2. 體色較淡，但又不如真紅眼的品系淺，較為暗色，尤其紅色會呈現深紅或豔紅色。

3. 野生體色品系身上呈現的黑色紋路（如蛇王），若是變成酒紅眼的品系時，這些黑色紋路通常會變成金黃或紅色，而不是真紅眼品系所呈現的透明紋路。

4. 已知遺傳性強弱：黑眼 > 真紅眼 > 酒紅眼

* 真紅眼與暗紅眼配對，其下一代出現黑眼表現個體是正常的。

全紅白子
（紅眼）

鰓部

孔雀魚的鰓部特寫

　　正常情形下孔雀魚的鰓部是密合的，但是若是生病產生病變，則會有紅腫或是翻開的狀況，也可依此判斷魚是否生病。

* 此外若是黃化或白化種、白子等，則鰓部因缺乏色素，會使其看起來比較紅，但若不是呼吸急促，則算是正常的。

* 一般而言，孔雀魚的鰓部較不易有顏色，除少數品系例外。

頭頂

　　很少有人會以魚的頭頂顏色作為品系分類的依據，不過對於孔雀魚卻很適合。這裡指的範圍是指由魚的水面上方，以垂直方向看其頭頂－主要是腦部外殼的顏色，以判定其體色為何。

兩眼間頭頂腦殼的顏色，可以幫助判定孔雀魚的顏色

身體（胸部 / 腹部）

頭線

　　有些書籍可能會把這部份稱為側線，但目的魚皆無側線，故本部份所指的是一種體表色彩特徵的呈現部位，少有人用此來當辨別品系的一種參考依據。但卻是不容忽視的重點。

頭線部位特寫
頭線的顏色可能會有無色、金、白、紅、藍、黑等色，依不同品系而有所不同呈色，此微妙變化足以判定不同的來源或血統。

胸鰭

胸鰭特寫
胸鰭是常被用來作品系分辨或疾病判斷依據的部位。其上有時會有黑或白金的顏色，更能增添表現的美感

有色的胸鰭
俗稱"金翅"的白胸鰭，這在霓虹或白金系統的禮服類常見。因為它的表現突出，很容易吸引人注意

長胸鰭
燕尾型的胸鰭都會延長，因此長胸鰭可用以確定是否有燕尾基因的參考依據。在外觀上就像一對小翅膀般很有趣。也是一種孔雀魚會頗令人喜歡的特徵表現

背鰭

短背鰭
背鰭是僅次於尾鰭,普受玩家重視的部位,好的背鰭能使整體美感提升,也是很不易作到的目標,更重要的是若可與尾鰭搭配,則通常被視作上上之作。

長背鰭
隨著培育者的努力,孔雀魚的背鰭也有長寬至尾部的表現個體,如大尺寸的畫布般,使得培育者的揮灑空間也增加不少。

緞帶型背鰭
由於基因的影響,使背鰭也得以延長,增添了整體的美感,這類背鰭的出現隱含一些初入門者所不知的遺傳訊息秘密。
由於基因作用,連母魚背鰭也會有延長的機會,所以了解基因是增添培育者發揮想像力的妙法,只要經驗較豐的老手都知其妙處。

腹鰭

短腹鰭
因為孔雀魚的腹鰭不易發色,而這也是孔雀魚的難以運用的部份,但也正是培育者可以挑戰的目標之一。

長腹鰭
除用來分辨是否為鰭型延長品系外,較少用來當分辨的依據,因腹鰭不易表現顏色,若能有飽滿顏色的表現個體,故將更難能可貴。

洩殖腔

※ 孔雀魚的腹部末尾處,合稱為洩殖腔,會因公母不同而有明顯差異,在魚類中是屬於比較特別的例子!

※ 孔雀魚的公魚在性別發育後期,方才有別於母魚的腹部特徵,所以在出生一、兩個月,是比較不易區分的時期,但隨著性別分化之後,則有明顯變化產生,就使得孔雀魚的公母魚比一般魚更容易區分。

※ 除分公母外,常以此部位來辨別是否懷胎、有無生殖能力、是否有疾病、或有寄生蟲。

區分的方法:

公魚的腹部

公魚的腹部較小且平滑,洩殖腔所在的部位無半透明卵巢的模樣,此外,上面通常有顏色斑塊出現。

孔雀魚公魚的腹部在某些品系的品系認定上,因為具有特色,而被利用來區分品系的不同或是培育來源的不同,如草尾或安德拉斯…等,公魚具有獨特腹斑的品系。

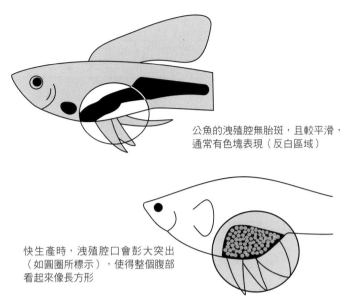

公魚的洩殖腔無胎斑,且較平滑,通常有色塊表現(反白區域)

快生產時,洩殖腔口會彭大突出(如圓圈所標示),使得整個腹部看起來像長方形

公魚腹部特寫

母魚的腹部

母魚從小就在洩殖腔所在部位可看到黑色的胎斑(黃化或白子則為紅色),隨著魚齡的增長,此區塊會越大越明顯;此外,若是有受孕,則在生產前,會在此洩殖腔處隱約可見小眼點或卵粒,就知有無懷胎及是否快生產。

母孔雀魚的腹部末端即洩殖腔處自幼魚期開始,可見明顯的黑或紅色胎斑,且會隨成長增大,母魚懷孕時洩殖腔會膨大,快生產時已可見到明顯的卵粒及小魚的眼睛出現,但若發育成公魚時則不會有以上的情形出現。

母魚腹部特寫

腰部

腰身

俗稱"尾柄"相當於腰的部份,在孔雀魚的分類鑑別上,佔有很大的比重!因為腰身部位,不只是花紋呈現相當複雜的組成,而且連粗細都會因培育者的偏好而有所差異,所以在培育孔雀魚時,也通常會被視作為一個強調的重點。因為不同基因的特性表現,使得孔雀魚的公母魚在這部份的表現千變萬化!通常若屬於體染色體遺傳的性狀,則此部位的公母魚特徵會很相近;但若是屬於性染色體遺傳的性狀,則公母魚的腰身則很有明顯不同喔!

禮服腰身

草尾腰身

交接器（公）

正常型的交接器

　　孔雀魚這類屬於胎科的魚類，與一般的魚類有很顯著的不同的特徵是：臀鰭在成魚時，會分化成公母不同的表現，公魚的臀鰭會形成管狀的交接器。

　　除此之外，交接器會左右前後的擺動，也是孔雀魚等胎科魚類的一個特色，十分地有趣，也使得公孔雀魚可以如劍客般舞劍跳求偶舞增添其吸引人的特色。

正常型的交接器

緞帶或燕尾型的交接器

　　除正常型的交接器外，因為使鰭延長的基因如緞帶或燕尾基因，均會使交接器也隨之延長！但因為往往過長，使得它在公魚追母魚行交配動作時，因為無法順利交配，所以這類長交接器表現型的公魚常被飼養者另行飼養或淘汰。

　　不過雖然牠們在繁殖上無直接的功用，但在促進母魚成熟上，確有相當的好處，既不用太擔心母魚會被雜配懷孕，又可以因為有公魚的求偶刺激，而促進母魚的成熟與習慣求偶配對，在育種上有很大的好處。

　　此外在觀賞價值上，因為拖曳著如絲緞般的長鰭，讓孔雀魚在游動時，增添不少美感，此外，因為某些個體或品系，其交接器也會有顏色，因此在培育的過程也是一種可以追求育種的方向與目標。

臀鰭（母）

　　與公孔雀魚不同的是，母孔雀魚的臀鰭，自小到大均不會特化成交接器型的管狀物！而是如同其他鰭一樣，平順的展開成一片。因此，從這一點可以用來辨別孔雀魚的公母。

　　不過，有些晚熟的公魚其鰭型會較晚分化成交接器，所以要在培育過程中時時注意，以免被這後起之秀把特別另行培育的處女母魚給偷交配光了！

母魚的臀鰭特寫

　　此外，也有一些母魚因受荷爾蒙的影響，形成假雄性的情況，嚴重時，臀鰭會有些合併形成交接器的雛形，但不見得會再發育成雄性的交接器，而通常會伴隨著胎斑部位（卵巢）的萎縮。因此，若看到這類的母魚，因為多少會伴隨著繁殖障礙出現，不適合用在繁殖上當種魚，一般都建議淘汰另行飼養。

　　如同公魚一樣，母魚的臀鰭也會隨著緞帶或燕尾等使鰭延長的基因的出現，而使臀鰭延長。因為所帶的基因組合不同，臀鰭延長的狀況各異，不過在整體美觀上，增加不少吸引人之處，卻是不爭的事實。

　　此外，與公魚不同的是，母魚的臀鰭雖然也會延長，卻對其生殖功能無礙，一樣可以交配受孕，除了部份燕尾型的延長，因衍生鰭條過多使交配不易外，並無需將這類的母魚淘汰。

尾鰭

經由全世界玩家的努力，孔雀魚有了現在已知的許許多多變化，其中最重要的，大概就是以尾鰭為主的發展吧！因為如此，尾鰭也是最常被一般人用來分辨品系的依據，經由尾鰭的特色分析，再進一步去細分，就可得知其為何品系！

此外，在公母魚的分類上，若為野生型孔雀魚，則可以公孔雀魚的尾巴較大且多彩這個特徵而輕易區別。

正常型公孔雀魚的尾鰭
正常型的公孔雀魚的尾巴較大且多彩，母魚則比較不那麼漂亮。
但至於改良型的孔雀魚則就不是這麼好區別了！因為也有些品系的公母魚的尾巴幾無二致，甚至在燕尾型的品系裡，有的母孔雀魚的尾巴不但比公魚鮮豔，更有可能比公魚的尾巴還要大喔！

素色的尾鰭
在孔雀魚的尾鰭的發展中，素色尾鰭應算是主流之一吧！因為玩家們的努力，各種的素色尾被發展出來，目前已知有紅、黃、白、藍、黑、紫、綠等基本色調出現。

有花紋的尾鰭
跟素色尾鰭一樣，孔雀魚在花紋尾鰭的發展上也有頗多的發展，相對於素色尾鰭，花紋尾鰭給人比較華麗的感覺，也易激起觀賞者的想像，目前較常見的有馬賽克、草尾及豹紋系統。

劍尾
與三角尾、扇尾類的尾型不同的另一主流劍尾系統，因其尾鰭發展成長劍型，其飄逸程度比一般的孔雀魚要更吸引人。

特殊尾鰭

母魚的燕尾型尾鰭
通常母孔雀魚的尾鰭較無色彩且比公魚的要小，但在燕尾表現型時則就不一定啦！因為母魚有更大的尾柄，故可承受更巨大的，而也真有出現過這種大尾鰭的母魚喔。

孔雀魚的歷史

整理：林安鐸 Andrew Lim

Julius Gollmer 先生，一位居住在委內瑞拉的德國藥劑師，一直沉迷於他的業餘愛好生物學研究，並引以為豪。1857 到 1858 年間，他曾數次將其在委內瑞拉親自採集到的各種不同物種的昆蟲、動物、魚類以及植物運往德國國內，收件人中包括柏林動物博物館、柏林動物園和柏林植物園。柏林博物館方面很快便確認收到了 Gollmer 先生首次運來的貨品。然而非常可惜的是，博物館負責人對隨後寄來的 61 條新奇魚種卻沒有重視，只給了 Gollmer 先生幾句言不由衷的讚揚和極少的酬金，馬上就將這些標本封存起來，沒有再與 Gollmer 先生聯繫。這些魚兒是 Julius Gollmer 先生於 1856 年在拉美國家委內瑞拉（Venezuela）首都加拉加斯（Caracas）自家附近的里約咕也喏河（Rio Guayre）中捕獲的。對於這件事，Gollmer 先生自然很不高興。在隨後數年中，Gollmer 先生與博物館的聯繫也逐漸減少，直至他 1861 年逝世。

1857 年，德國魚類學者 Wilhelm CH Peters（1815-1883）接替了同年去世的 Heir Liechtenstein 出任柏林博物館的館長。直至 1859 年，W. Peters 才著手研究這些在檔案館封存許久的魚類標本，並首次給出了該魚的生物學描術。這種美麗的小魚看起來和花鱂（Poecilia）屬的魚類很相像，所以 Wilhelm CH Peters 就將其命名為 Poecilia reticulata。拉丁文 reticulata 的意思是網狀的花紋，意指該魚身上部分重疊的鱗片形成的蕾絲般的圖案。Poecilia reticulata 直譯成中文就是 "網紋花鱂"。Wilhelm CH Peters 是世界上最早對這種小型淡水魚進行了描述的科學家，但令人費解的是對雌魚進行了描述，而 Gollmer 先生卻是將雄魚和雌魚成對地送回德國的。

網紋花鱂 Poecilia reticulata，這個學名聽來陌生而晦澀。百年後的今天，在世界的東方，這種美麗的小魚卻有著一個家喻戶曉而又非常好聽貼切的名字 --- 孔雀魚。

1861 年，西班牙的 Senior Filippi 得到一些來自巴貝多（Barbados）的孔雀魚標本，由於他沒看到 Peters 曾經做過的描述，而誤認為自己發現了新的魚種。Senior Filippi 也發現這種魚看上去和花鱂（Poecilia）屬的魚十分相似，於是將它稱作 Lebistes poeciloides。

幾乎是與此同時，1866 年，英國生物物種收藏家、傳教士 Robert John Lechmere Guppy（1836－1916）從特立尼達（Trinidad）向倫敦博物館寄運了一些孔雀魚的標本，經大英博物館的 Albert Gunther 博士鑑定此標本為新的物種，將它們命名為 Giradinus guppyi。有趣的是，A. Günther 並

Wilhelm CH Peters，前柏林博物館館長，重新把孔雀魚發揚光大的重要任務之一

Robert John Lechmere Guppy，英國生物學家和傳教士，孔雀魚的英文通用名 -Guppy，就是以他的姓氏來命名

沒有承認先前 Peters 的命名，因為 Peters 只是給出了雌魚的生物學描述。為表彰 Robert John Lechmere Guppy 的功勞，遂以 Guppy 作為該魚的英文俗名。由此，孔雀魚的名字便在歐洲大陸流傳開了。

在柏林博物館，當年 Gollmer 先生寄去的孔雀魚只有雌魚被命名為 Poecilia reticulata，而同時裝有雄魚的兩個標本瓶則最終貼上了 Giradinus guppyi 的標籤。很明顯，這些標籤是在 1866 年以後被人貼上的。世人一直無法瞭解 Peters 遲遲不對雄孔雀魚進行生物描述的確切原因。眾所周知，Gollmer 先生是將孔雀魚的雄魚和雌魚裝在同一個瓶罐中運回德國的。按一般推理，由於 Gollmer 先生並不是魚類專家，當他捕獲這種魚時，他理應注意到雌雄魚的明顯的體色差異而很容易誤認為它們是不同種類的魚，進而會用不同的瓶子分裝雌雄魚。可 Gollmer 先生的做法卻剛好相反。且不說孔雀魚的雄魚和雌魚被裝在同一個瓶罐中這一事實，以 Peters 這位受過魚類學高等科班教育的生物學家，也肯定應該知道花鱂（Poecilia）科魚的同種異態性，因為早在 1848 年，Heckel 就已經對綠劍尾魚（XipHopHorus helleri）的雌雄異態性進行過生物學上的描述。Gollmer 先生在運輸瓶上的標籤、Gollmer 先生與柏林方面的缺乏溝通以及 Peters 根本就不知道雄魚也屬於卵胎生鱂魚的推測可能都使得這個本來就很容易混淆出錯的鑑別工作變得越發錯綜複雜。至於孔雀魚是卵胎生鱂魚這一事實，直到後來水族愛好者們開始飼養此魚後才逐漸為人們所認識。

到 1853 年為止，英國、法國、德國和許多其它國家的動物園都興建了水族館，這些水族館逐漸演變為動物園裡一道獨特的風景線。在 1853 年到 1859 年的數年間，很多人

都聲稱首次「發現」了孔雀魚，眾多稀奇古怪的由這些發現家們命名的孔雀魚的名字也就隨之而來。

1908 年，Siggelkow 首次將活體孔雀魚以 *Giradinus guppyi* 魚的名義進口至德國。隨後幾年中，孔雀魚及其俗名 Guppy 也在世界範圍內廣為流傳了。

到了 1913 年，當 Regan 開始將孔雀魚的所屬科修正為 Poecilidae 時，在柏林和倫敦的那些魚標本也被確認為屬於同一種魚，並被重新命名為 *Lebistes reticulatus*，並承認 Peters 的工作為第一次有效的生物學鑑定。

1963 年，Rosen 和 Bailey 對孔雀魚的分類又作了進一步的修正，變更其種屬名為 *Poecilia reticulata*，他們也對 Peters 於 1859 年對該魚的生物學描述的有效性再次給予了承認。

不幸的是這個命名故事還沒完。沒隔多久，Poecilidae 的名字再次受到重新核定，並「返古」般用回以前的 *Lebistes reticulatus*，對於孔雀魚，這一名字似乎更加貼近。但是誰又知道，孔雀魚命名的命運就是那麼撲朔迷離，一些其它國家的科學家們竟然鬼死神差地又將孔雀魚重新命名為 Poecilia Gollmer，據稱此舉是為了紀念 Gollmer 先生最初的貢獻。

不管怎樣，網紋花鱂（*Poecilia reticulata*）這個最初的學名直到今天還在使用。Gollmer 先生被公認是孔雀魚的發現者，他生前恐怕無論如何也想像不到，他發現的這種美麗小魚在一百五十年的時間裡，居然會產生那麼多形態各異的變種，而且深受世界各地人民的歡迎，成為最具代表性的熱帶觀賞魚品種之一。

孔雀魚的名字來源是一段比較複雜並且很長的故事，不過瞭解了這一段歷史只是為了幫助我們能更深入的瞭解孔雀魚，最重要的還是飼養出健康漂亮的孔雀魚。

孔雀魚命名的變遷：

不管怎樣，網紋花鱂（*Poecilia reticulata*）這個最初的學名直到今天還在使用。Gollmer 先生被公認是孔雀魚的發現者，他生前恐怕無論如何也想像不到，他發現的這種美麗小魚在一百五十年的時間裡，居然會產生那麼多形態各異的變種，而且深受世界各地人民的歡迎，成為最具代表性的熱帶觀賞魚品種之一。

為了便於大家對孔雀魚命名過程中這一段有趣而熱鬧的歷史有個較為具體的印象，我們把孔雀魚使用過的不同學名一起列在下面以供參考：

AcanthopHacelus guppii、*AcanthopHacelus reticulatus*、*Girardinus guppii*、*Girardinus reticulatus*、*Haridichthys reticulatus*、*Heterandria guppyi*、*Lebistes poeciloides*、*Lebistes reticulatus*、*Poecilia reticulatus*、*Poecilioides reticulate* 等等。

孔雀魚現代史：

1908 年 12 月，卡爾西格爾科夫（Carl Siggelkow）將孔雀魚輸入漢堡。第一批純係孔雀魚進入了德國，這也是第一批進入歐洲的孔雀魚。

當年，這一批孔雀魚的生存率並不高，不過僥幸生存下來的魚種，卻在短時間 開支散葉，並繁殖了不少的數量。

德國玩家對孔雀魚的繁殖率和速度印象深刻，他們將其稱為 Millionenfisch（百萬魚）。

孔雀魚也被歐洲玩家稱為 "傳教士魚"，因為它將許多人轉變為業餘愛好。

1920 年左右，德國萊比錫 Leipzig 孔雀魚俱樂部開發了第一個評判孔雀魚的分數系統，最高分數為 50，俱樂部於 1922 年 11 月舉辦了第一次的孔雀魚比賽。

當年的比賽魚以劍尾類居多，這應該是因為在野外能夠採集得到的品種都有劍型的基因。不過真正的純品系雙劍系統，是在 8 年後的 1928 年才公佈於世。

1954 年，德國舉辦了第一次的孔雀魚國際賽，這一屆的比賽第一次出現了紗尾孔雀魚，這一個尾型的孔雀魚是由德國玩家 Paul Hahnel 所培育。

當年的這尾型引起了上千名玩家的注意，並吸引了當地電視臺和電臺的報導。

出生於 1883 年的 W. G. Phillips 先生是英國孔雀魚的佼佼者。Phillips 先生可能就是一個最早期的歐洲瘋狂玩家之一，在他 81 歲之際，還擁有 20 多缸的純品系孔雀魚，他也積極的參與當地的孔雀魚評比活動。

Philips 最有名的代表作就是俗稱剷尾的短尾類（英文稱：Spadetail 或 Coffer Tail Guppy）

Coffer Tail Guppy 因其類似於南威爾士礦工的鏟子而得名。在第二次世界大戰期間，Philipps 先生將他多餘的孔雀魚賣給了倫敦的一家商店。幾個月後，他回到商店，發現不是所有的魚都被賣掉了，而且孔雀魚也繁殖了許多後代。在店家的魚缸裏，他注意到一些雄性有不尋常的尾巴形狀。他把這些魚從店家帶回家，在接下來的幾年裡，他 Coffer Tail 造型純化並發揚光大。

Philipps 先生還開發並發送了英國 Leopard Guppy 或英國蕾絲孔雀魚。正是這個孔雀魚可能是今天全世界所有蛇皮的原始來源。Eduard Schmidt Focke 還從這個品系中研發出了 Half Black Guppy，也就是我們今天俗稱的禮服孔雀魚！

二戰過後，東南亞為了控制孑孓的生長，從南美洲引進了野生孔雀魚，之後的好幾年，有人發現了孔雀魚的體色和基因體的奧妙之處，並從中改良和研發出體色更漂亮的個體。當時的馬來亞（新加坡還沒有獨立）是東南亞觀賞魚的主要重鎮，1965 年新加坡從馬來亞聯邦獨立之後，更把觀賞魚出口業發揚光大，當時的孔雀魚更是全世界出口之最。

孔雀魚的基本飼育

文／編輯部
圖／蔣孝明・Nathan Chiang

孔雀魚（Guppies）的基本介紹及由來

孔雀魚是天生具備優良設計的魚種，並且兼具了流線型美學設計的特殊體型，而就因為孔雀魚的形體極具有美學觀，所以讓很多人投入飼養與研究的行列。

如果你花點時間將目光匯聚在其美艷非凡的尾部上的話，就會發現牠們表現出來的形質是非常亮麗的。牠們在魚體上使用了大量的色彩作為裝飾，而即使是在尾部也是如此的使用了大量的色彩來裝飾。但是這些色彩的表現會因為品種及個體的不同而有所差別。或許在這個觀點上會讓各位讀者覺得困惑的是，孔雀魚真有如此的漂亮而且令人著迷嗎？其實，當你繼續深入的閱讀本文之後，你就不會再有任何的困惑，而會同意我們的看法了，因為孔雀魚這個魚種真的是具備了巧奪天工的設計的。事實上，孔雀魚在全世界各地皆是一個極為普遍且最多人喜歡飼養的魚類，也是人們所熟知的一種熱帶魚類，學名為 *Poecilia reticulata* 的魚類。幾乎飼養過熱帶魚的人都曾在某個時期飼養過一、兩種的孔雀魚，為什麼不是呢？牠們是如此的美麗。除了牠們的身形美麗之外，牠們還是一種很有趣的魚類。大人和小孩似乎都同時引領企盼著能夠在水族箱中看見孔雀魚繁殖出小魚來。牠們的確也是體型嬌小的熱帶魚種，就讓我們這麼說吧，孔雀魚的幼魚出生的時候就已經能夠獨立的生活、呼吸和游動了。大多數的魚種都是卵生的魚類，但是，也有一些特定的魚類是屬於體內授精胎生，並且會撫育獨立游動的小魚，而在水族飼養中這類較為人熟知的魚種有：劍尾魚（swordtails）、摩莉魚種（mollies）、滿魚類（platys），當然也包括了孔雀魚。

劍尾魚（swordtails）

紅白劍
Xiphophorus helleri var.

蘋果劍
Xiphophorus helleri var.

三色劍
Xiphophorus hellerii var.

摩莉魚種（mollies）

金茉莉
Poecilia latipinna var.

熊貓茉莉
Poecilia latipinna var.

萊姆黃茉莉
Poecilia latipinna var.

滿魚類（platys）

銀球
Poecilia latipinna var.

紅白米老鼠
Xiphophorus maculatus var.

藍珊瑚滿
Xiphophorus maculatus var.

　　當你飼養過一段時間後，你很快就會發現，孔雀魚的飼養與繁殖是並非想像中容易的，但是牠們卻也是很有趣的魚類。牠們會是你客廳中最令人輕鬆愉快的一個畫面，而且牠們會在你魚缸的中間位置平靜的來來回回游動著。即將透過本書的所有介紹，我們將會提供給你一切在你的水族箱中成功飼養孔雀魚的必要細節，還有一些你在繁殖孔雀魚所需要注意的一般原則與方法。

　　在自然界中孔雀魚並沒有辦法表現出牠們最美麗的面貌。而大自然是僅僅給了牠們基因上的潛能而已。但是人類卻將其餘的特點給作育出來。你可以選擇讓牠們只遵循大自然的規律，或是你也可以著手於你自己的研究和孔雀遺傳因子的發展計畫等，無論任何一種努力的研究，你的經驗都將使你變成一個孔雀魚改良專家。事實上，孔雀魚絕對不應該被稱之為酷比魚（guppy）的。在生物科學界中，在植物群系和動物群系中剛被發現的物種都是使用拉丁文來作為其個別命名的依據，並且依照其個別明確而獨特的印記來描述這個品種。在過去的歲月中，全球的通訊不像今天這麼發達。所以往往一個新發現的物種會被標示出許多的稱謂。就像孔雀魚會有酷比魚的稱呼是一樣的。一位德國的科學家，彼得威漢（Wilhelm Peters），他紀錄了一個在委內瑞拉發現的小型魚種。依照科學的命名學法則，這尾魚隨後就被指定了一個拉丁文的學名，*Poecilia reticulata*。當時的年份是 1859 年。所以這是很久以前的事了。當時彼得先生並沒有現今這樣有效率的傳真機，也沒有長途電話或是 E-mail 來傳答這項訊息。所以，在那個時候有其他的發現者也在委內瑞拉的水域中採集到了相同的小魚，只是牠們的顏色雖然不同但是其色彩卻很近似。而每一個發現者都做了自己的科學上的描述。的確有一位英國的植物學家，從千里達（Trinidad）帶回了一些保存完整的魚隻，交給大英博物館（British Museum）的魚類學部門來做鑑定以及描述。而當時的英國魚類學家艾伯特（Albert Guenther）博士誤認為這個魚隻是新發現的魚種，他以為他是最早發現這個魚種的人，所以隨後就將這個魚種命名為，Girardinus guppyi。這個早已被發現的魚種之所以會發生重複命名的錯誤，是因為一位很想要發現一個魚種而享有清譽的英國的植物學家而起的。但是這個魚種的名稱卻因此而產生了困窘的情況。所以這個美麗的小魚從現在到永遠都會承擔著羅伯特酷比（Robert Guppy）名字中的〝酷比〞的稱謂。

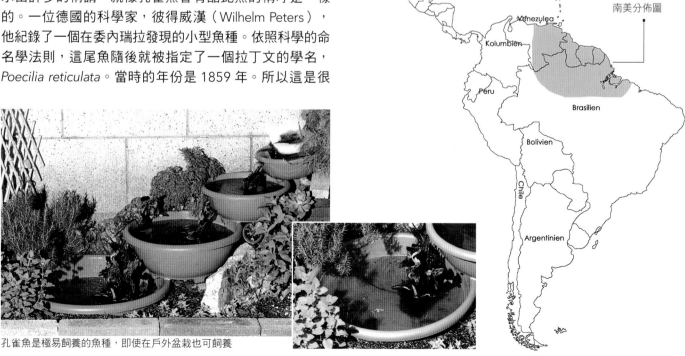

原生孔雀魚
南美分佈圖

孔雀魚是極易飼養的魚種，即使在戶外盆栽也可飼養

孔雀魚的水質

　　並沒有任何古老的秘密是你需要去挖掘的，為的只是要把孔雀魚飼養的非常成功。無論如何，一些關於水質的基本知識，就可以幫助你不只是長時間的飼養孔雀魚，且在某種程度上還可以相當的精通於繁殖牠們的技巧。一般而言，我們大部分在水族箱剛開始使用的時候都是使用自來水來作為新水。而我們所取得的水大部分都是由我們的自來水場所提供，然而也有許多人是使用優質的地下水，也有許多人是使用不同的罐裝礦泉飲用水來作為水源的。都是水，而以上所說的這三種明確的液體，它們看起來是水，摸起來像是水，且嚐起來也是水，只是它們所有組成方式是非常的不一樣而已。孔雀魚對於水質 pH 值的適應程度差別很大，硬度的因子，氯化物以及其他化學成分的高低等等，這些影響因子甚至包括了污染源在內。然而這些因素是如何來影響你所飼養的孔雀魚呢？而這些問題就是本書所要探討的事情。如果你以前從來沒有注意過這些因子的話，請不要太過於焦急，因為有許多的熱帶魚飼育者，對於水質的 pH 值與硬度從來不甚了解，其實，這些觀念與概念是相當簡單的。而瞭解了這些簡單的因素卻是你在飼養孔雀魚時的所有必備常識。其他種類的熱帶魚亦復如此，才能將牠們飼養得健康又快樂。

pH 值：

　　在相關的科學叢書之中，pH 值究竟應該如何來解釋或定義其實是錯綜複雜的，而我們在本書中的目的，只是要讓各位知道 pH 值的測量數值代表的是酸性或鹼性而已。一個中性的 pH 值指的是 pH7.0 的相對測量數值，這代表著被測量的水質既非酸性也不是鹼性的水，而較低的 pH 數值所代表的意義就是酸性之意，而含有較低的酸性物質其 pH 值所顯示出來的可能為 6.9~6.0，而如果比這個區間數值還要低很多的話，就表示其水中酸性物質的含量有很多。相反地，如果你測量 pH 數值的時候，其pH 值比 7.0 還高的話，那麼這個水值就是我們所謂的鹼

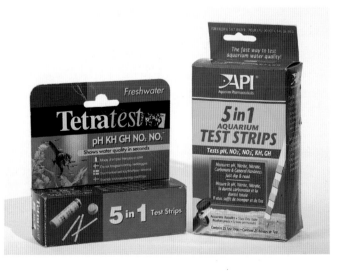

性的水，一般的海水魚比較喜歡生存在 pH 值介於 8.0~8.5 之間的水質，而從非洲三大湖（Rift Lakes）出產的非洲慈雕科魚類則喜歡更高 pH 值的水質，那麼孔雀魚呢？孔雀魚最令人激賞的一件事情就是，牠們對 pH 值的忍受力是相當具有彈性的，牠們生活在 pH 值介於6.4 到 7.5 之間的水中時會顯得相當舒適，且不會有任何不適應的情形發生。而你所要負責的工作就是：維持水質的穩定性，你必須要知道你家裡自來水的 pH 值是多少，如果 pH 值偏向於過酸或過鹼的話（通常自來水絕對不會過酸，如果真的發生的話，那就是自來水廠出問題了），你就須要去控制它以及調整水中的化學物質了。所有的水族館都會銷售使用相當簡便且價格合宜的 pH 測試工具組，而這個工具組可能是每一個熱帶魚飼育者的重兵部隊。

透過試紙可作為檢驗水質的數值參考

硬度（Hardness）：

　　什麼是水中的硬度呢？而硬度的多寡是如何影響孔雀魚呢？非常的簡單，硬度所指的就是溶解在水中的鹽類的測量數質，其中大多數所指的類別是鈣和鎂的含量，而在大多數的水族館中所銷售的硬度的簡易測量工具是很有用的，它們測量硬度的方法是利用一種指示劑來做測試，而其顯示的數值是用百萬分之一（ppm）為單位。其中的數值從 0 到 80ppm 的硬度值所代表的意思就是軟水，非常硬的水質其硬度值通常都在 300ppm 以上。而在測量及判定水質的硬度上其實是還有其他更錯綜複雜的意義存在的。但是我們的目的是，做到這種程度應該就足夠了。孔雀魚的確比較喜歡較軟的水質，而所謂的"喜歡"到底真正的意思是什麼呢？這代表了孔雀魚生活在軟水中時其魚體上的色彩會更亮，而其短暫的生命週期會較長一點，牠們攝食的情況會比較好，並且飼養的結果將會是較大且較強壯的一窩孔雀魚。但這並不是一個牢不可破的定律，因為的確會有很多其他的因素會影響到這些條件。孔雀魚通常可以，也能夠忍受硬度較高的水質，再次地，只要仔細小心的注意其忍受的極限就可以了。

氯化物（Clorine）：

　　氯化物為何物？為什麼氯化物會存在我的水中呢？人們只會在游泳池中添加氯物，但卻不會在飲用水中加入氯化物，因為氯化物是屬於有毒的化合物……不是嗎？它可能是有毒物質，對許多的魚類和你、我都是如此，但是，在游泳池中添加氯化物的目的是要遏阻有害細菌的生

成。而你所使用的自來水中同樣是因為這個因素，所以才會添加氯化物，這是因為細菌在溫暖的季節來臨的時候，會有快速繁衍的現象。你需要瞭解的是被添加在游泳池中的氯化物含量是遠超過你家中的供應水含量的。待在特定的游泳池一段時間之後，當你離開游泳池的時候是否曾經注意到你已經有燒傷的情形，也就是滿佈充血的雙眼呢？這是因為你眼球上的黏膜細胞受到過多氯化物侵蝕而受傷的關係。各位可以想像這種現象如果發生在魚類脆弱的鰓部細胞時的情形，魚類一定會受到傷害的，而且這個傷害應該會很嚴重。所以，過多的氯化物會傷害甚至於殺死你所飼養的魚兒。這就是為什麼你不能在剛設置好魚缸的同一天就將魚兒也同時放進去飼養的關係。幸運的是，要去除氯化物並不事件困難的事情。當你在水族箱的水中加入新水的時候，市面上已有除氯、氨的調適液可購買且極具效果的。另外一個方法是讓你的水質純化，也就是讓水不斷的在空氣中曝氣，氯氣會在曝氣 24 小時之後對你的水族箱來說就會是安全可靠的。每一位熱帶魚的飼育者都應該在水族箱旁準備一個儲水設備容器才是。你也可以利用不斷的攪動來除去水中的氯氣，這可以利用強力的曝氣來達成。單純的攪動方式，無論如何，是無法有效的除去水中的氯氨化合物的；因為這種方法只能去除氯化物而已。

阿摩尼亞（Ammonia）：

就像一氧化碳能夠迅速的將曝露其中的人給殺死一樣，同樣的，阿摩尼亞對你水族箱中的魚隻的情形也是一樣的，特別是尿素，是阿摩尼亞真正的產物之一。而阿摩尼亞中毒的症狀包括了呼吸急促的情形，而且魚？或魚鰓會變紅，活動力減退，缺乏食慾等現象，而其最後的結果就是……死亡。較低的 pH 值（4.5 到 7.0 上下）如果和

阿摩尼亞結合的話，魚兒是可以忍受的，儘管並沒有處理的話。而較高的 pH 值（7.2 以上）也會和阿摩尼亞結合，但是結果卻會形成劇毒！無論在任何時候，如果你覺得你的水族箱中已經存在了大量的阿摩尼亞的話，立刻使用阿摩尼亞的測試工具來測試水質。同時用 pH 測試工具測量酸鹼值，而阿摩尼亞的測試工具也應該是熱帶魚飼育者應該要有的工具之一。

控制阿摩尼亞含量（Controlling Ammonia）

要控制真正過量的阿摩尼亞的第一步就是要了解它最早的發生地點和原因。而主要的過濾設備和規律的魚缸管理是控制阿摩尼亞的關鍵因素。即使如此，還是有一些其他的因素是會導致阿摩尼亞含量增加的。我們知道亞硝酸鹽類的循環週期有四個過程步驟。這個過程是由魚類做為啟始的，魚類將其產生的廢物排泄到水中，這個時候如果過濾系統的運作正常的話，那麼你魚缸的水中就會有極為細小的細菌（硝化細菌－ Nitrosomonas）產生，而這些菌種會讓阿摩尼亞的含量降低，並將其轉換成為較不具毒性的硝酸鹽類（nitrate）。經過硝化細菌（Nitrosomonas）處理之後，這種隸屬於硝化菌屬（Nitrobacter）的細菌會將亞硝酸鹽所含有的毒性降低。而我們所熟知的亞硝酸鹽在其含量降低之後，一般來說對於淡水魚類就不會具有傷害性了。為了要完全的除去亞硝酸鹽類，你還可以利用部分換水來使其含量降低。當然也有不同的意見指出，經常性的換水並不是最好的辦法。而我們可以很肯定的說，少量而頻繁的換水會比大量的換水要好。舉例而言，每週進行大約 10% 到 20% 的換水對許多熱帶魚類而言，牠們是絕對歡迎的。對熱帶魚的初學者來說，我通常對其飼養的方法比較主張採用持平而中庸的

市售各類改良水質的調和劑

方式。所以，一個星期換個 20% 到 25% 的水量就相當足夠了。問題是你有辦法持續這樣的動作和方式嗎？大多數的人都會說嗯……是的，或許吧。有許多熱帶魚的愛好者都是每月換水一次的，當他們這樣做的時候，他們通常都是一次就換掉大約 33% 的水量。事實上，一個月換一次水的做法是有經驗的水族業者所採行的方法，但是他們卻鮮少會在上次換水的時候標示換水的時間。但是如果你採用他們的方法的話，那你可能就會冒著魚兒因阿摩尼亞含量過高而中毒的風險了。當你發覺你魚缸之中的阿摩尼亞含量過高的時候，你該怎麼辦呢？你要如何拯救你的魚兒呢？很簡單，但是需要立刻行動，那就是利用虹吸管立刻換掉 33% 到 50% 的魚缸的水，並在換水同時清掃魚缸的底砂，且在換水之後的 24 小時先行停止餵食。大部份的魚類，包括孔雀魚在內，如果我們在魚缸中加入適量的粗鹽，這對魚兒來說是正確的做法，而你所飼養的魚兒就會每天都呈現出正常的行為。硝化細菌及亞硝酸菌需要棲息的溫床和成長所需的營養，以便執行它們的工作。而棲息的溫床大多數是在過濾系統之中，而底部過濾設備中的底砂就是它們最好的棲所。透過生化過濾設備所供應到底質的氧氣，它們就能夠在底砂中生存並且繁衍的很好。在水族箱中的這些過濾裝置，對於這些益菌來說其成長與茁壯都是相當

有助益的。間接式的過濾設備對於提升硝化細菌的成長也是相當有幫助的，但是和魚缸中的過濾設備相比就遜色了一些，因為它們不是過濾設備的主力。一般來說這類輔助性質的過濾設備都是置放在魚缸的外部，藉由馬達將魚缸中的水吸入過濾器中，然後經過一系列的濾材（生化陶瓷環和活性碳等），再經由另一端的出水口流迴魚缸之中，而細菌會在這些濾材之中生存。但是，熱帶魚的飼育者或許不知道的是，當他們將這些過濾設備中的濾材換掉的時候，他們也同時也將大部分的硝化細菌給去除掉了。在這裡提供各位一個小小的暗示，那就是在扔掉骯髒的濾材之前，將舊的濾材上的髒水滴到新的濾材上面。因為這樣做就可以讓硝化細菌繼續的作用下去。使用這兩種搭配性的過濾設備（底部過濾和外置、上部過濾設備）是你的

水族箱裡最理想的方法。當然，在市面上仍然有許多各式各樣有效的過濾設備是可以供人們選購的，但是截至目前為止，對於孔雀魚所經常使用的飼養設備與方法，主要還是以底砂式過濾設備加上一個小型的氣動生化棉過濾器為主，這比大量的使用過濾器材還要有效。

有許多不同的因素可以造成水質穩定的水族箱中阿摩尼亞含量突然之間大幅增加的原因。我們早就提到過有關過度的排泄物所累積出來的問題，而這種問題是可以透過換水來得到改善的。而過度的餵食所造成食物的大量沉積，當然都會導致阿摩尼亞所帶來的問題（指的是阿摩尼亞數值突然間的升高）。而另一個會導致阿摩尼亞含量過高的原因，是在水族箱中同時飼養了密度過高的魚隻所導致的結果。在經過了一個月或更長的時間之後，硝化細菌就會在你魚缸中的過濾器的濾材上明顯的達到一定的數量。這些細菌會在過濾器材的過濾過程中將殘留物質透過水流而將其中的物質分解掉，並且進行增生自己的數量。而如果這個時候如果在水族箱中加入過多的魚隻，那麼水中的廢棄物質就會增加，而這些細菌就無法有效的建立出硝化作用的流程了。包括過度餵食及魚缸空間的問題將會在後續文中討論到。當然，你可能會覺得這些知識只是權威論述中的一小部分而已，但是別讓這些知識成為你飼養熱帶魚的代罪羔羊才好。你最好是養成做記錄的習慣，嚴格來說，其實阿摩尼亞的問題是很簡單的事情，只要你飼養的流程保持一定的規律，並且不要過度的做一些不必要的處置的話，那麼阿摩尼亞就會變成不重要的話題了。

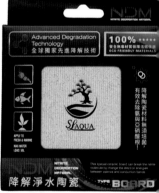

水族箱中的鹽度

　　許多種類的淡水魚類，包括孔雀魚在內，在其天然棲息地的河水以及溪水當中都含有一定比例的天然鹽類。但其濃度與含量卻不像海水那樣高，只是，天然的淡水中會富含礦物質則是不爭的事實。天然環境中的天然鹽類對魚類的好處是讓牠們的呼吸器官能發揮更大的功能。因為這些鹽類的存在會讓水流經過魚鰓的時候使氧氣的吸收更容易。當然，如果沒有這些鹽類的話，魚兒還是可以存活下去，但是如果有的話，魚兒就會活的更輕鬆愉快了。基於以上的建議是：在每公升的水中加入一小湯匙的粗鹽，對於孔雀魚預防疾病來說是最好的方法，這對許多其他的魚種也是一樣的。請注意：當水分蒸散的時候鹽類是不會減少的。而當你做部分換水的時候，只須針對被換掉的水量來添加適當的鹽分就可以了。

孔雀魚的混養缸

　　我們發現，有許多新品種孔雀魚的飼主，不只飼養了這些漂亮的魚兒而已，也會同時將一些其他的魚種與之混養在一起。所以這些美麗的孔雀魚，牠們就會經常被其他混養的魚類騷擾，例如四間魚（tiger barbs）、劍魚（swordtails）、摩莉魚（mollies）、神仙魚（angelfish）……等等的魚類。而這些所謂一起混養的部份魚隻，會毫無任何原因的就把孔雀魚的尾巴當成肥美多汁的食物而去攻擊它。為什麼會這樣呢？由於牠碩大而誇張的尾鰭，致使牠無法成為水族箱中游速最快的魚種。而這就是導致無理傷害情形增加的原因，因為魚缸中的其他魚類會將這種狀似旗子的尾鰭附屬器官，當成是理所當然的攻擊目標。我們可以用一種恰當的形容詞來比喻其尾鰭所招致的情況，那就是〝來吃我呀〞。魚缸中的其他魚類真的是會這樣做的，而你所會看到且一定會發生的結果，就是尾鰭被咬的破爛不堪的孔雀魚，然後在牠尾鰭的部位就會出現細菌及黴菌感染的情況，在這種情形發生之後，孔雀魚的尾巴就再也無法恢復原先那樣正常的情形了。即使是將牠單獨的隔開飼養，這尾魚絕對不會恢復到以前的模樣了。那麼何種魚類和孔雀魚飼養在一起才不會蹂躪牠們呢？我們有好消息和壞消息要告訴各位。好的，先說說壞消息吧，那就是可以和孔雀魚混養的魚種實在是不多的，即使是看上去很溫和的魚類有時候也會攻擊孔雀魚的尾巴，這也包括了性情溫和的小型燈科的魚類（tetras）、四間（barbs）、金魚類、斑馬類的魚和游泳速度很快的小魚等在內。即使是一些你覺得從來不會游來游去的魚種，像是鰻魚（eels）、泥鰍（loaches）以及鯰科魚類的異型（pleco cats）等魚類都會在夜間的時候跑出來津津有味的啃食孔雀魚的尾巴。而我們所熟知的鯰科魚類（catfish）中的一些特定魚種，像是鼠魚類（corydoras）的魚種就可以和孔雀魚飼養在一起。牠們游泳的速度也很慢，而且也是不會打擾你的孔雀魚的好鄰居。鼠魚除了是孔雀魚極佳的混養魚種之外，牠們還能很有效率的撿食孔雀魚在水族箱中遺留下來的食物。

鼠魚是孔雀魚缸中最佳的夥伴

不建議混養的品種，如：斑馬魚、異型、鰍等

而好消息是，最壞的打算就是在你的魚缸之中只飼養各式各樣的孔雀魚罷了？唉呦！你一定會覺得怎麼會這樣？其實，在水族箱中只飼養單一種類的熱帶魚，或是真有人只在水族箱中養了滿滿的同種類的熱帶魚嗎？是的，事實上有許多水族專業人士就是這樣做的。而只針對特定魚種做研究是絕對沒有錯的，並且，當你傾全力於觀察某些特定魚種的時候，你就可以了解什麼飼養方法才是比較好用的。在一個滿是孔雀魚的魚缸之中，無論魚缸是大或是小，因為已經沒有任何魚隻會再騷擾孔雀魚，所以你就能看到一個呈現美麗景象的孔雀魚魚缸了。若你想增加魚缸中孔雀魚飼養的數量，現在我們可就已經瞭解的一些基礎觀念知識，來增加魚缸中魚隻的飼養數量。現讓我們來參考以下的建議：

1. 過濾設備（Filtration）：

結合底部浪板過濾的方式和打氣動力過濾的雙重過濾設備是有必要的。

海棉生化過濾器

自製的缸中生化過濾器

2. 換水（Water change）：

如果你是每個月換水一次的人，就請改變這個方法。請增加你規律的換水次數，改成每週換水 20% 的最低比例與數量。

3. 混養對象（Tankmates）：

不管你在水族箱中飼養的是一尾還是 20 尾的孔雀魚，如果你在水族箱中混養了不適當的同伴，那就會直接的導致孔雀魚不可避免的緊迫現象的產生，請設想一下，如果你 24 小時中都在同一個房間裡生活，而隨時都有一個人不斷的在追著你，我們相信在一個星期之後你大概就會心臟病發作了。而你所飼養的孔雀魚也是一樣的，而如果你放入的混養魚種是適合和孔雀魚混養的話，那牠們就會因為沒有太大的緊迫現象，而使牠們相對的會興盛與繁榮了。

螺類是孔雀魚缸中常見的生物指標

4. 過度餵食（Overfeeding）：

這可能是所有熱帶魚飼主最主要的過失。其實我們經常也會進食過量，所以我們也常會這樣對待自己所飼養的魚隻。在野生的自然環境中，魚類必須不斷的尋找任何可以獲得的食物來源。這和我們在水族箱中所提供給牠們的那種無憂無慮的盛宴是截然不同的。很不幸的是，魚類只能在每次的餵食當中攝取牠們所需要的食物，多出來的食物只會沉降到魚缸的底部，然後在下次餵食的時候，如果我們持續過度餵食的話，而且一而再、再而三的這樣做，那麼這些沉降的食物就會在底部中腐敗，而且會進而污染了整個水族箱。

你要做的事情就是提高魚兒餵食的效率，不要一次就餵食大量的食物，而是以少量多餐為原則！因為過多的腐植質會消耗水中的含氧量，並且會合同時讓水中阿摩尼亞的含量突然的升高。而這就是為什麼不要在水族箱中飼養〝過多〞魚隻的緣故。在餵食的時候，我們寧可犯餵食過少的錯誤，因為大自然也是如此。經常少量的餵食比大量的餵食要好。一尾新陳代謝正常的魚會經常的四處尋找食物，而〝適當的〞餵食會讓牠們興盛與繁榮。以下我們將會介紹該餵孔雀魚吃什麼和吃多少。

5. 魚缸的表面積：

簡單的說，魚缸的表面積所意指的，就是你的魚缸最上面的長度乘上寬度的區域。要知道表面積區域為多少的重要性，是因為氧氣大多是在這裡交換的。在國外的文獻中吾人可經由數據資料中得知，一個20加崙容積較高型的魚缸的水量雖然是10加崙魚缸的兩倍，但是20加崙容積高型魚缸的表面積只比10加崙魚缸要多出40%幾而已。但是我們在比較高型的和長型的兩種20加崙容積魚缸的時候，雖然它們的水量都一樣，但是長型魚缸與10加崙魚缸表面積的比例，比高型的魚缸要多出25%比例的表面積，而表面積較大的魚缸，就能夠溶解與交換出較高的溶氧量。很明顯的，較長且較淺水族箱的表面積比較高且較深魚缸的表面積要高出許多，而這也暗指這類較淺且較長的魚缸就比較適合飼養更多數量的魚兒，也可以打破一加崙飼養一英吋魚隻的藩籬。讓我們這樣說吧，你願意遵循所有的指導方針，但究竟飼養多少尾魚才是你魚缸中正確的數量呢？其實這是一個無法確定的問題，但無論如何，為了飼養更多的魚隻，你必須使用水量更大的魚缸，還必須為這些超載的魚兒設置更大的過濾系統才行。

孔雀魚該餵什麼？

剛開始飼養熱帶魚的人，其失敗最主要的因素，就是因為他們缺乏關於正確餵食魚兒的知識與觀念。而這種情形也同樣的會真正發生在飼養孔雀魚的新手身上。一個顯而易見的事實是，有太多的水族愛好者，其飼養孔雀魚比飼養其他種類的熱帶魚要來的成功，但是卻〝沒有〞依照魚類學中的營養學所規範的程度來餵食魚兒，所以你需要了解這個事實。而你的確需要將這個事實謹記在心，但無論如何，這個事實的陳述只是為了要讓你的魚兒〝欣欣向榮〞而已，另外，你必須經常的透過觀察來確認牠們的健康情況。我們通常都是遵照以往的經驗來做判斷的。有任何一個人可以每天都快速的吃下大量的食物而仍然活著嗎？答案是肯定的，但是他健康的狀況呢？通常如果一個人的飲食習慣不好，經常攝取脂肪和過多的蛋白質，那麼他的健康情況最後是會出問題的。他們會比一個經常攝取四種均衡飲食習慣的人還容易感覺到寒冷、容易受到病毒感染以及容易感染流行性感冒。而其他會出現的症狀還包括了會進一步形成營養失衡的結果。這種情況也同時會在魚類的身上出現。當然，你可以到外面去花一點錢就購買到一大桶沒有商標標示的薄片食物，然後就可以長時間的餵養你的熱帶魚。你所飼養的孔雀魚也會吃掉這種薄片食物。但是有一個問題，雖然，購買這些〝廉價飼料〞是因為它很便宜的緣故，但是它所蘊含的蛋白質及其他必須的營養素的品質一定會非常的低，而且，也會比全球知名的品牌和眾所週知較好品牌薄片的營養成分要差上很多。我們都知道一句話……一分錢一分貨的道理。所以，不要因小而失大了才好。多花一點錢吧，你的孔雀魚會很感謝你的，然後牠們會用其鮮豔亮麗的色彩來感謝你的關愛（你剛開始決定要飼養牠們的時候，不就是因為牠們色彩艷麗的緣故嗎？）。牠們會在你的水族箱中生氣勃勃的游動著，而且，牠們也不需要去吃食相同營養價值的補充食物，所以就比較不會將水族箱中的水質給破壞掉了。而成功的繁殖將會是更美好的事情，而且後續所孵化而出的子代也會更容易長久的飼育，但如果你會經常大量的餵食

赤蟲

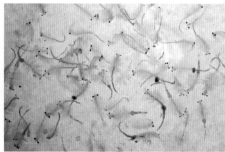
豐年蝦成蟲

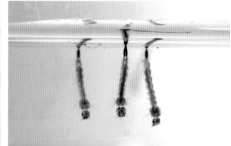
家蚊的幼生 -- 孑孓

餌料的話，那麼這種情況就會大有差別了。最後一點，不要只餵食薄片來作為你唯一的選擇。我們知道，你常常會告訴自己只要準備個一兩瓶特別好的薄片食物就應該足夠了，但是，現在要告訴你的是，最好在最短的時間內就擴充你的餌料。因為，如果你在往後的餘生中每天都只能吃雞肉的話，你受得了嗎？沒錯，那將會是非常無趣的。除非你是一個需要低膽固醇飲食控制的人，否則如果在飲食之中添加一些不同的食物是很好的選擇。這種情形對魚類來說也是一樣的。市面上的確有許多很好的不同種類的餌料，對你的魚兒來說是很好的選擇。所以你應該為你的愛魚多準備一些不同種類的食物才對。至於薄片食物，市面上有許多品牌及不同的成分，是很大眾化且方便使用的。

有些薄片是專門針對孔雀魚而調製的，而其他的薄片則是針對一般性的餵食為目的。另外，有些薄片是採用廣泛的物質成份所製造而成的，而也有一些薄片食物是為了某些特殊的因素而調製的。當然，冷凍乾燥的食物也是很好的選擇，它們都是選用活體組織來製造的，利用急速冷凍的方法包裝，以方便讓你拿來餵食你的熱帶魚。而非常適合孔雀魚的冷凍乾燥食物包括了：絲蚯蚓（tubifex worm）、紅筋蟲（bloodworm）、水蚤（daphnia）以及蚊子的幼蟲（mosquito larvae）等。雖然這些蠕蟲類的食物可能會令你反胃，但是當你看到你的魚兒表現出十分滿足的時候，你就會了解到，即使只是使用了很少的數量，牠們還是會熱切期盼這類的餌食的，這時你應該就會忘記這些蠕蟲會令你反胃的事情了。其次，讓我們繼續往下去看冷凍食物這個區塊，其實最大眾化且最受到魚類青睞的冷凍餌料就是豐年蝦（brine shrimp）了。大部分的冷凍豐年蝦都是採用扁平塊狀的包裝，並且是需要放在冰箱的冷凍庫中的，當你需要餵食的時候就將它們撥開成一小片一小片的丟入你的魚缸之中。這時冷凍豐年蝦會在你的眼前慢慢的溶解開來，然後你就會看到你的魚兒一擁而上，而且會熱烈的爭奪搶食。這些冷凍食物也會有特殊水泡顆粒狀的包裝（有點像是顆粒狀冰塊的包裝型式），這類的包裝就更方便餵食且不會浪費了。而冷凍食物更經濟有效率的餵食方法，就是你自己將它們切割成更小的份量。而這些塊狀的冷凍飼料以 15 分鐘左右就吃完是最理想的。你可以使用銳利的小刀將這些冷凍餌料切成更小的單位，

只要是你喜歡的大小就可以。當你需要餵食的時候，只需要將這些切好的冷凍餌料從冷凍庫中取出來，然後丟入魚缸之中就可以了。可以用來做成冷凍餌料的材料是很廣泛的，特別是用在特定海水魚的魚種上的冷凍食物。而為了讓冷凍餌料的使用能夠單純化，最安全的方法就是使用冷凍豐年蝦，或是使用冷凍紅筋蟲。這兩種冷凍食物無論是對魚兒的消化吸收或是營養素的需求等，都是很好的選擇，而且都是可以加強與餵食薄片時的並進營養。而其他對你的孔雀魚來說也很好的冷凍食物包括了：扁蟲（glassworm）、水蚤（daphnia）、蚊子的幼蟲（mosquito larvae）、牛心（beef heart）及其他的冷凍餌料等。並不是所有種類的冷凍餌料都需要使用，但至少要試試看一兩種垂手可得的冷凍食物。最後，各位知道當然不是活餌才是唯一的選擇。活餌餵食……我的天啊！牠們怎麼有辦法吃活餌呢？…那就是…牠們未開化的原因吧。得了吧，請試著理解一下，這是我們所瞭解的食物鏈的關係吧！魚吃蟲，鳥吃魚，哺乳動物吃鳥……是我們知道的事情。別再開玩笑了，沒有任何一種的營養物質，也沒有任何東西能夠比規律的餵食活餌對你所飼養的魚兒來得更好的，然而什麼活餌才是最好的呢？那就是你能夠隨時收集的到，且能夠持續餵食你的孔雀魚的最便宜的活餌，就是最好的活餌了。而如果你要每天餵食孔雀魚活餌的話，那最方便的就是蚯蚓了。而唯一的問題就是，即使是尺寸最小的蚯蚓，也沒有任何一個品種的孔雀魚能夠將其一口就吞食去，你必須先將牠們切成一塊一塊極小的塊狀尺寸才行。這並沒有任何良心上的問題，你先取出一尾蚯蚓，然後將牠放在切板上，再將牠切成一段一段的就可以了。你也可以造訪你家附近的池塘，並且收集一些蚊子的幼蟲。因為蚊子的幼蟲是所有魚類最喜歡的一種食物。你必須確定魚缸中的魚兒已經全部的將牠們都吃掉了，否則日後你家裡就會有不速之客出現囉。要為你的魚兒準備活餌最簡便的方法，就是到你家附近的水族館去購買。一般而言，水族館會重新的將這些活餌打包，而且會鋪上冰塊以減緩活餌的腐敗。而當你回到家中的時候，你可以將活餌直接倒到塑膠製的容器中並蓋上蓋子，或是將牠們直接放進冰箱之中以維持新鮮。當你在飼養你的孔雀魚時，的確有一些生物是很好的餌料。像是紅筋蟲（Blood worms）、扁蟲（glass worms）、絲蚯蚓（tubifex worms）和黑蟲（black worms）等，還有大部分常見的其他的活餌在水族館中都

特製的紅蟲池：
使用 24 小時地下水自動流水、沖水制，利用 timer 來控制出水量，在每小時中有 45 分鐘是酌量滴水，有 15 分鐘大量沖水。道理是在利用自然流水將紅蟲排泄物沖除，但仍需每天用人工翻盤清洗，完全不餵食，一般來說經過 3 天的沖洗之後幾乎無味，為求潔淨，新進的紅蟲最少要五天以後才開始餵食才是保險。紅蟲尾部有勾器，群聚有糾結性，常因糾聚成團缺氧而死，因此三層式的層盤設計是很重要的，原因在於紅蟲可利用尾部勾器勾住盤格，頭部在水面吸氧、覓食，而且排泄物可利用騰空的部份被沖走。三層式的的設計也可確保依時間進場的先後順序（每次取得 3～5 天前來的紅蟲）永遠取得沖洗清淨的紅蟲。

資料提供：南灣孔雀

有出售。如果經費許可的話是可以每天規律餵食的，但是，如果一星期才餵食一次這些活餌的話，你的魚兒也會活的很好。除了上述活的蟲餌以外，你還可以餵食活的豐年蝦（brine shrimp）。而如果你真的很想持續餵食活餌的話，甚至於你也可以自己來孵化育養豐年蝦來餵食你的魚兒。如果經常餵食活餌的話，那你就是提供了魚兒更完善的飲食，希望你能經常這樣餵食。

餵食的頻率

　　這個話題應該是相當難以推論的。像是你多久餵食一次，以及餵食多少量給你的魚兒呢？有些人餵食他們的魚兒進食是一天一次的。而有些經常在家的飼主則是一天 4~5 次少量多餐的餵食牠們的魚兒。無論你選擇的是何種餵食的方法論，請將以下的信條牢記於心：〝寧可餵食不夠的量，也不要過度餵食〞。很多人常會覺得如果少量的餵食是對的，那麼在每次餵食的時候能多餵一點的話，那就會更好一點。沒有人能告訴你，當你每次餵食的時候什麼才是正確的量。無論你如何的餵食你的魚兒，請試著觀察你的魚兒是否在 3 分鐘左右就將餌料吃完。否則，到最後你的魚缸之中就會充滿了腐敗的食物。而這種情況也會造成你的過濾系統的負擔及破壞。當然，過多殘餘的餌食也會造成阿摩尼亞含量在你的魚缸之中突然間暴增。在大自然中的食物絕對不會比你家水族箱中還多，因此，魚類在大自然中才會不斷的尋找食物。牠們總是看起來一副很饑餓的樣子。牠們應該是會這樣的，這是因為牠們不曉得哪裡才有更多的食物，所以牠們才會不斷的搜尋。以便在最短的時間內找到食物。我曾經讓魚兒斷食過一星期，殘忍嗎？不會的。通常在斷食的時候，魚兒會在水族箱中隱蔽的地方搜尋前一天沒有吃掉的食物碎屑。而這樣做的意義，是讓魚兒能夠多少清理一下牠們自己生存的環境。經驗告訴我們要控制魚類攝食吸收最好的方法，是一天餵食兩次，而這個方法可以有效的控制牠們的必須養分，在每天早晨的時候，當急著要出門工作的時候，可先會餵食薄片，而當下班之後（用完餐後），可開始著手餵食魚兒冷凍乾燥餌料或是不同的冷凍餌料中的一種。當手邊有可利用的活餌時（並不是經常有的），也可餵食多一點且會經常的餵食，其目的是希望在活餌死亡之前能夠提高牠們的使用率。此時是因為，過度的餵食總比活餌死亡腐敗要好，請想想死亡的黑蟲（black worms），真噁心啊！總的來說，餵食應該不是主要的問題，事實上你只需要多花一點時間來考慮周詳，就可能比你經常去想餵食的問題要好一些。餵食不同的食物才是關鍵因素，因為長時間餵食不同的食物，就可以確保魚兒在飲食上營養需求的完整性。

孔雀魚的繁殖

　　除了牠們漂亮的色彩之外，最吸引孔雀魚飼主的第一件事情，就是牠們很容易就會在水族箱中繁殖下一代。孔雀魚是卵胎生（livebearers）的魚類，而有許多魚種也是用這種方式繁殖的，但是有許多人卻對卵胎生的魚類沒有任何概念，直到他們成為熱帶魚的愛好者。簡單的說，卵胎生就是受精卵會在親魚的體內受孕，直到幼魚發育成熟之後，種魚直接的將活生生的且會自由活動的小魚生出來。孔雀魚的這種生產方式和大多數的哺乳類動物不同，但是有些行為模式卻會和鯊魚相同，那就是，如果幼魚出生之後不趕快在水族箱中找地方躲起來的話，孔雀魚的親魚是會吃掉牠們自己的幼魚的。而其他較為人所熟知的卵胎生魚類包括了：摩莉魚（mollies）、劍尾魚（swordtails）、滿魚（platies），以及其他的魚種，當然還包括了北美洲的蚊子魚（mosquito fish）。

自製的仔魚隔離網

　　繁殖孔雀魚並不是一件困難的事情。但是要量產以及固定延續一個魚種的品系，就會有一點困難。而〝固定延續〞所指的意思是，在親魚身上可以見到的主要基因因子結構，能持續的在子代身上繁衍下去的過程。如果你擁有一尾極為漂亮的綠蛇紋孔雀魚，而且你想要繁殖的話，那你就必須找到一尾遺傳基因極為相似的母魚，以便生出更多漂亮的綠蛇紋孔雀魚。然後接下來的是，在每一個性別之中都會存在隱性的特徵（一種獨特的或其他不會顯現出來的特徵，但卻會遺傳下去），這種特徵會在後代的身上逐漸的顯露出來。而這是你在量產最理想品種的孔雀魚之前，其所有困難中一定會遇到的一個問題，也是你需要努力去克服的障礙。這個章節並不是有意要將你變成一個

繁殖基因學的學者，或甚至是要將你變成一個研究孔雀魚的專家。更確切的說，其實我們只是企圖要給你的是一個正確而廣泛的概念，以使你在飼養繁殖孔雀魚的時候能夠有所依循。繁殖你所飼養的孔雀魚最簡單的方法，就是在同一個水族箱中飼養一尾公魚和一尾母魚，然後讓牠們自然的進行所有的繁殖過程。如果你不會分辨公魚和母魚的話，這裡有一個非常簡單的方法，可以讓你很快的就將公魚和母魚分辨清楚。那就是，公魚通常都會有一個長而漂亮且亮麗的尾巴。而母魚的尾巴會比所有待配對公魚的尾巴要小許多。而在美醜的比較上，母孔雀魚通常在和全身色彩豐富的公魚做比較的時候，其魚體上的色澤就顯得平淡許多。基於這個原因，所以，你經常會看到孔雀魚都是

成對出售的。否則，一家水族館的老闆會發現在他的店裡只剩下滿屋子的母魚了。不管你信或是不信，有許多孔雀魚的飼主在購買孔雀魚的時候，會一尾一尾單獨的將比較漂亮的個體挑走，而沒有注意到或是想到要繁殖牠們的事情。一個很有趣的現象是有關母的孔雀魚會儲存繁殖時所需的精子。沒錯，只要有了一次的授精繁殖就能有數次的生產機會，也就是在第一次和公魚交配之後，就不再需要和公魚進行交配了。而這就是為什麼在著手進行一系列繁殖計畫的時候，挑選尚未授精的母孔雀魚是如此重要的事情了。然而我們要如何確定手上的母孔雀魚就是尚未授精的個體呢？在水族館中，你根本沒有辦法在一個充滿一大群各色各樣孔雀魚的魚缸之中，去確認哪一尾魚是尚未授精的母魚。在這裡提供各位兩個判斷的方法，(1) 可以經由水族館老闆的保證來選購你需要的個體，這樣你就可以買到想要的魚兒了。或者是，(2) 在公魚尚未讓母魚受孕之前，要確認你自己所購買用來繁殖的母魚的數量，並且要將母魚和公魚分開飼養。要在孔雀魚還非常幼小的時候就分辨出公魚和母魚，是一件困難的工作，但卻不是不可能的事情。除了利用經驗之外，我們還可以從鮮豔的尾鰭和漸次發育突出的生殖孔來確認公魚，也可以從不明顯的婚姻色來判斷母魚的特徵。你必須不斷的觀察你所飼養的小魚，並且不斷的將可以確認性別特徵的魚隻移出去。經過一段時間的反覆挑選之後你應該就可以擁有一缸尚未授精的母魚了。為了培育你尚未授精的母魚，必須提供牠們一個優質的餵食流程。多餵食營養的飲食，包括了充分足夠的活餌，如此才能讓每一尾母魚在性成熟的時候成為身強體壯的種魚。相當重要的一個事實是，健康且精力充沛的母魚才能夠生出數量較多且品質優良的子代。而一尾營養不良的母魚，其卵黃囊會比較小，所以，相對的來說，牠可能生產出來的子代就會比較少、比較弱，甚至於會有畸形的現象。

繁殖行為

當你確定你所飼養的母孔雀魚已經成熟的時候，這時候就可以將準備好的公魚放進去母魚缸中。通常一尾孔雀魚達到性成熟的時間大約是 6 個月左右，雖然牠們在出生兩個月之後就可以達到性成熟的程度。但是在牠們 3~4 個月大的時候才開始進行繁殖的程序是比較合適的做法，因為這個時候牠們的行為才會趨於成熟，也才比較適合進行繁殖。一尾公魚是否性成熟的證據，可以經由牠成熟的性器官，像是突

出的生殖孔來判斷出來。而這個器官組織是很容易就可以分辨出來的，並且，這個性器官看上去很像一片魚鰭，而且尚未成熟的公魚是不會有這個明顯的組織的。這個性器官很像是一個棒狀的構造，牠會從魚體腹部較後方的地方凸出來，而且很像是魚體下面的一個明顯凸出的尖細組織。和哺乳動物一樣，公魚會利用這個組織並藉由母魚的瀉殖孔將精子輸送到母魚體內，也就是和母魚進行所謂的體內授精。在進行授精的行為之前，公的和母的孔雀魚會先進行一個沒有固定模式的求偶儀式。當公魚覺得時機成熟可以進行交配的時候，牠會在水族箱中到處的追逐母魚，而且這個時候公魚會出現很激情的行為。在經過無數次的追逐之後，公魚會試著繞到母魚的前方和牠鼻尖對著鼻尖。而這個時候公魚會表現出一種行為，就是我們所謂的〝炫燿模式〞。公魚會繼續不斷的繞著母魚游動，而不是追著牠游，然後會時常的改變游動的位置。牠會繼續不斷的進行這種儀式直到牠確定母魚已經注意到牠了。這個時候公魚的目的只是希望母魚能夠跟著牠翩翩起舞。而如果母魚真的這麼做了……牠就會繼續地那炫燿式的舞步。牠會盡量的伸展牠的魚鰭，但是這樣做卻使牠自己看上去好像快要漲破的樣子。而同時牠會也將會儘量的在母魚面前增強牠的色彩，以吸引母魚到牠這邊來。或許，我們這些男生在某方面應該可以從孔雀魚的身上學到些啟示才對。當牠確定自己已經獲得了母魚的青睞的時候，牠就會改變自己的位置，以使牠能巧妙的運用其生殖器去接觸母魚的瀉殖孔。而公的生殖器上有許多勾狀的刺狀物，其目的只是要確保在和母魚交配繁殖的時候不會發生脫落的情況。而這種求偶的儀式會持續幾個小時。在這段時間當

大腹便便的母魚

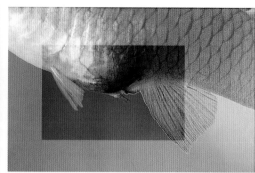

母魚的洩殖孔

中，公魚會數度的嘗試著去交配與繁殖，為的是要確保成功的授精。而這種嘗試性的行為會持續超過 100 次，這就好像成功率是會低於 10% 一樣。公魚會在交配了 2 個小時或更久的時間之後離開，而這應該是一個很好的辦法，但是，如果無法如願以償的話，牠會持續牠的求偶行為，哪怕是耗盡母魚的精力也在所不惜的。記住，母魚會將這些極小的精囊儲存起來，不僅是為了目前的需要，也是為往後的時日做儲備。為了這個原因，你最好不斷的持續觀察公魚的行為以了解繁殖的過程。

　　如果你將另外一尾公魚放入魚缸之中和母魚在一起的話，這時如果母魚還沒有耗盡第一尾公魚的精子（成功的孵化 3~4 胎的小魚），那你將很難判斷出來小魚的父親是哪一尾公魚。母孔雀魚的懷孕期至少有 4~6 星期之久。而有幾個因素會決定孕期的長短，其中所包括的條件為光照、水溫、食物，以及母孔雀魚的所有狀況等。在受孕期還沒有完全結束之前，最好是讓受孕的母魚單獨的待在水族箱中。使用手抄網是搬運一尾懷孕的孔雀魚，可能會導致早產的發生，以及魚苗一定程度的死亡率。一尾健康的孔雀魚的母魚，每次可生產最少 20 尾到最多 100 尾的魚苗。而在受孕孵化期之後，你就會擁有為數不少的新生的孔雀魚，而你所獲得的好處也會因此而產生變化。在受孕孵化的期間，你必須儘可能的持續供應母魚多樣性且營養的飲食。請記住，牠可是會將所有的小魚給吃光光的。

幼魚的飼育

　　將孔雀魚的魚苗餵養到完全成長且達到美麗成熟的孔雀魚是一門藝術或是一種科學，同時也是一件相當不容易見到的事情。那些飼養卵生魚類的飼主大概會告訴你的是，其最困難的工作莫過於讓他的魚兒交配以及產卵了，但其後培養魚苗就不是那麼困難的工作了。這個道理和卵胎生的孔雀魚是一樣的。總的來說，自然界中自有一套方法，以使一個物種能夠持續不斷的繁衍下去。對魚類而言，這個方法就是數量的法則。許多的魚種每次生產的時候都會產下數以百計的魚卵，但只有少數的個體能夠生存下來，這是因為掠食者和其他自然界的原因所造成的結果。也就是說，當然囉，適者生存的道理嘛。卵胎

生的動物，像是孔雀魚，一次可以產下上百隻的幼魚，並在 30 天後又可以再次的受孕與繁殖。在沒有自然界中的掠食者的情況下，在你水族箱中生存的孔雀魚，將會不斷的繁衍出很大的數量出來，所以，在一個生產的流程結束的時候，你最好是將母魚給移出去。是的，母孔雀魚會有遺傳自母系的同類相殘吞食幼魚的天性，所以牠會吃掉剛出生的魚苗。在這裡提供各位兩種飼育魚苗的很好的辦法；那就是選種和餵食。在不會讓你過於心煩意亂的原則之下，選種的辦法比毀滅所有的個體是比較容易接受的。在選種的過程之中有許多辦法是可以選擇的，雖然很多人覺得這個方法不好，所以有許多不受歡迎的孔雀魚被丟入一般家庭的馬桶中。當然另外還有一個可供選擇的辦法，雖然也許這個辦法也是會令人不愉快的，那就是選擇一些個體作為你其他熱帶魚的活餌。另外有一個比較具備人性的方法就是將牠們冷凍起來。先將這些孔雀魚放入一個塑膠袋中，然後將它放入冰箱的冷凍庫中。然後這些魚隻的新陳代謝會很明顯的漸漸慢下來，接著牠們很快的就會失去知覺，再來就會直接的死去。而這是一個沒有痛苦就能解決問題的辦法。等一下，這個章節不是應該要介紹飼育孔雀龍的方法，而不是毀滅牠們的嗎？真的，為了要飼育出健康的孔雀魚，牠們必須被正確的餵食。對於可利用食物的過度競爭，將會產生比較弱勢的個體，而這些較弱的個體最後終將會走向死亡。但是，如果供應過多的食物到水族箱中就會造成腐敗物質的產生，而且，甚至會危及到大多數健康個體的生命。所以，我們就必須做適當的選擇了。餵食剛出生孔雀魚的最好食物是豐年蝦的浮游幼生，也就是剛出生的豐年蝦的幼蟲。在孔雀魚剛出生後的至少前四個星期，都需要以豐年蝦做為牠們的主食。你也可以混合使用一些捏碎的薄片，來做為牠們的食物。在穩定的餵食豐年蝦一個月之後，你就可以稍微停止豐年蝦的例行餵食，但是各位要知道，持續的餵食豐年蝦是能夠提升孔雀魚的成長率的。在停止餵食活餌的時候，或許有一個合適的替代的方法，如果孔雀魚變得太過於困難訓餌，就可以使用冷凍豐年蝦做為補充的食物。在飲食之中添加豐年蝦，提供牛心及紅筋蟲等也是很有效的辦法。就像先前提過的，提供多元化的飲食是培養健康孔雀魚不可或缺的要素。

豐年蝦

　　成功的培養豐年蝦，誠如你所瞭解的，通常是培養強壯、健康、健壯孔雀魚到成魚的關鍵因素。就像先前所提到過的，要讓孔雀魚繁殖是最簡單的部份。但要培育其幼小的後代就會相當的困難，而這也就是為什麼成功的培養豐年蝦會是非常重要的事情了。這並不表示說培育豐年蝦是件相當困難的事情，只要不要使用任何冒險的方法，然後勤加練習孵化的技巧就會達到完美的地步。直接孵化豐年蝦聽起來好像很簡單的樣子，但是，事實上如果要持續不斷的成功孵化豐年蝦則又是另外一回事了。現在家庭式培育海水豐年蝦（Artemia salina）的產量，在水族業的交易上已經是相當重要的營養元的來源之一，而且也是飼養孔雀魚幼魚和其他魚類幼魚簡易的人工食物。市售的豐年蝦卵是包裝好的且是乾燥的，如果你遵照一些簡單的步驟，那麼要將牠們孵化出來是相當簡單的事情。你只要遵照豐年蝦包裝上所指示的一些簡單的步驟就可以了，相當的簡單，你只要將豐年蝦卵放入含有適當鹽分含量（不要用含碘成分的鹽）的水中，然後經過 24~48 小時之後牠們就會孵化了。豐年蝦的孵化與培養會因為飼育者的不同而產生不同的設備與方法，雖然另行設立一個最簡單的設備就符合你的需要，但是我所使用的是只有一個開口的簡單盒子來充當孵化器。而這個盒子的頂端我所做的開口其直徑為 4 英吋。在這個容器的上方我架設了一個總共可以裝入 1/2 加崙液體的塑膠盒，並且在最頂端比較狹窄的地方作出一個切口。而在這個盒子的內部我裝設了一個 100 瓦的白熾燈泡。這雖然是我所使用的一個簡單的裝置，但對於有效的孵化豐年蝦來說卻是一個新的嘗試。我在自來水中加入了適量的鹽分，然後在水中放入一個氣泡石加以打氣直到鹽巴完全溶解。一旦鹽巴溶解之後我就將適量的豐年蝦卵倒入這個定量的水中。千萬不要倒入過多的豐年蝦卵，以為這樣就可以孵化出更多的豐年蝦，因為依照廠商的說法，倒入過多的蝦卵到頭來只會將孵化豐年蝦搞的一團亂而已。利用氣泡石打氣以使豐年蝦卵能夠獲得充足的氧氣。然後經過 24 小時以上的時間之後，你就可以檢視豐年蝦孵化的情形了。而如果你在孵化盒中裝設加溫器（即使是塑膠盒也是沒問題的），並使水溫維持在 26~28℃的溫度的話，那你就可以確定豐年蝦卵會在 24 小時左右就孵化出來。否則，如果你不使用加溫設備的

話，那麼豐年蝦的孵化可能會需要 48 小時或更長的時間了。請隨時檢查你的孵化流程，當孵化完成的時候，請將氣泡石移出並靜待懸浮物質完全沉澱。這個時候將孵化盒中的燈泡打開，並且讓光線從孵化盒頂端的孔洞直接的照射到水中。這個時候已經孵化的豐年蝦會朝著光源移動。而這時如果你很仔細去觀察的話，你就會看見一個擁擠且數量非常多的橘色豐年蝦團，一直往孵化盒的底部移動。然後慢慢的你就會在孵化盒的水面上看見一堆空的蝦殼漂浮在水表面。這種裝置的主要目的是當你要移出豐年蝦的時候，就可以讓活蝦與蛋殼分離的技巧。我發現要將豐年蝦移出的最簡單的方法，就是利用打氣用的管子充當虹吸管，我使用的是標準的 3/8 吋的打氣管來做為虹吸管之用。當然，在虹吸管的出口處你必須將其管口縮小才行。沒有經驗的人常常會不小心就吸到一口鹽水（也許是吸的太用力的關係）到嘴巴裡面去。當然，只要你多練習幾次，你就可以完全地避免這種情形發生了。將被吸出的豐年蝦放置在豐年蝦網上。這是一種特的豐年蝦網，你可以在你家附近的水族館中洽詢、購買到，這種網子的網目非常的細小，其目的是防止細小的豐年蝦從網子中穿過去。當你在將豐年蝦吸出來的時候，你可以利用你的手來控制虹吸管，讓被吸出的豐年蝦能夠一圈圈的在網子上集中，而整個過程可能會需要 30 秒鐘的時間。等豐年蝦都被吸出之後就可以停止了。

　　然後靜待豐年蝦網上的水分滴乾。而如果你之前的孵化過程都是正確且很努力執行的話，這個時候你就會得到一團剛孵化的豐年蝦了。用一些淡水沖洗豐年蝦網中的豐年蝦，然後就可以將這些剛孵化的豐年蝦倒入魚缸之中餵食你的孔雀魚的幼魚。這時候你將會看到孔雀魚的幼魚是非常熱烈的大口的將豐年蝦給吸入口中。當第 1 號瓶的豐年蝦用掉之後，你就必須再次地著手進行孵化的工作，而這個時候就可以準備使用 2 號瓶的豐年蝦了。每一批豐年蝦的孵化流程大約需要 2 到 3 天的時間，當然這也要依照你餵食量的多寡來做判斷，而這也就是為什麼你需要不斷的準備剛孵化的豐年蝦的數量。如果你剛孵化的豐

年蝦不夠用,或是你孵化出了一批無法使用的豐年蝦(這是有可能發生的事情),那你就可以使用品質較好的薄片做為暫時的替代品。或是另一種選擇,你也可以將冷凍豐年蝦的成蝦利用磨合器將牠們磨碎後做為合適的替代品。

但是同時請儘可能快一點回來孵化豐年蝦苗。最後有一個很重要的事情需要注意。那就是剛被你吸出來的豐年蝦苗,如果你發現這些蝦苗的顏色是褐色的,而不是橘色的,請不要將這批豐年蝦拿來餵食你的孔雀魚。因為褐色的顏色所代表的是豐年蝦的蝦殼。且孔雀魚是會吃掉這些蝦殼的,但是,大部分這些蝦殼在小魚的消化道中會造成堵塞的情形,進而導致消化不良甚至死亡的情況。如果這種情形真的發生的話,將濾出的豐年蝦放回孵化盒中,然後再將燈光打開以使豐年蝦沉到水底,然後重新操作一次。如果還無法成功的話,就將這批豐年蝦丟棄,然後重新來過。你已經接收到了一個關於飼養孔雀魚的很好資訊。你們之中可能有些人已經領悟到一些飼養的技巧,但我似乎也聽到一些人的聲音說〝我對於問題的解決並沒有確切的概念。而我所想要做的只是飼養一群孔雀魚,然

後擁有一些小魚而已。〞有些從事繁殖的玩家可能會很實在的告訴你,如果你不認真的看待你現在所做的事情的話,那你根本就不需要去做了。我們要告訴你的是,無論是讀者、愛好者、或是一般的玩家,在每一個層級專業領域玩家的身上都有一個領域,是需要去承擔義務的。你沒有必要將繁殖孔雀魚當作是件相當嚴肅的事情,因為你只是想從中得到滿足和樂趣而已。如果你想要將一尾公魚和一尾母魚放在一起,並且觀察後續的變化,那就這樣去做吧。玩的開心一點,如果這時候小孩子想要參與繁殖孔雀魚的話,那他們也會同樣擁有一個極為興奮的經驗的。無論如何,如果你想要更進一步且試圖去繁殖綠蛇紋孔雀魚(green cobras),或任何其他條紋形式的孔雀魚的話,我也不會感到太過於意外。因為這的確是一個會令人迷戀的事情,而且也是遺傳體型的表現形式的實現。這就是為什麼在國際上會有這麼多明確的孔雀魚組織存在,以便特別的提升孔雀魚的飼養風潮,以及繁殖和展覽競賽等。這些著名的協會組織有國際孔雀魚迷協會(International Fancy Guppy Association),而其縮寫為 IFGA。

國際孔雀魚迷協會

國際孔雀魚迷協會在美國雖然有許多地區性小型的分支組織,但是該組織卻相當穩固,而且對於國外的孔雀魚迷(或甚至是孔雀魚專家)來說是相當可以信賴的。這

些不同的分支機構會支持國際孔雀魚迷協會所主辦的活動,包括孔雀魚熱切愛好者所展示的孔雀魚的戰利品、價格以及魚種項目等。你會發現一些熱心人士也會幫助初學

台灣地區也經常見各種大小規模的孔雀魚比賽

孔雀魚比賽的得獎名單及獎盃

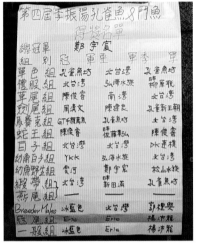

者習得一些基本的知識。每年國際孔雀魚迷協會都會在不同的地方，由許多不同個別的孔雀魚俱樂部舉辦超過 10 場孔雀魚的比賽與展覽。而這些比賽與展覽，其中有一場的展覽被公認為是展示性質的展覽，而在 1996 年最後一場在佛羅里達州所主辦的比賽與展覽，則有超過 500 個單位前來參展。有些孔雀魚的飼主會利用個人的名義前來參加，或是利用郵寄的方式將他們的魚隻寄來會場比賽。為了舉辦這些比賽與展覽，國際孔雀魚迷協會會花費一個月的時間利用協會的會刊來發佈新聞信息。而這個訊息會知會他的會員前來參加比賽，其中剛育種出來的孔雀魚的新品種會在會場被介紹展示給大家認識，也會被當成稀有的魚種然後出口到國外去。此外，如果你真的在尋找稀有品種的孔雀魚而又不希望受騙的話，在展覽會場你可以很容易的就找到真正品種孔雀魚的飼育者。

魚病

沒有任何事情會比一個充滿不同色彩且健康孔雀魚的水族箱還要壯觀且令人注目的事情了，相反的，最糟糕的感覺就是一個魚缸之中滿是生病且令人沮喪的魚隻。當然，最早發生的魚病可能是你在為魚隻架設水族箱的時候最後會遇到的問題。很不幸的是，特別是剛開始養魚的人，發生魚病可以說是無可避免的事情。魚病到底是如何發生的呢？你要如何治療魚類的疾病呢？你要如何避免這類疾病再度的發生呢？在本章節中我們會針對一般的初學

者來回覆所有的問題，這個章節並不是以魚類的生理學及寄生蟲學為基礎的專題論文報告，反而比較像是控制魚病的對照資料，而且也比較像是在你的魚缸中用來預防疾病發生的指南。

魚纖蟲症

首先讓我們介紹水族箱中最常見到的原生動物寄生蟲疾病，這種原生動物寄生蟲疾病的元兇就是我們所熟知的魚纖蟲（ *Ichthyophthirius multifiliis* ，簡稱白點病－ICH）。另外也常常有人將這種疾病稱之為白點蟲症。我現在就可以告訴你，如果你回到水質的那個章節中，並閱讀有關我們所提到過的在水族箱中加入鹽度，並使用這個方法養魚的話，你就幾乎可以完全的避免白點病的侵襲了。在所有的魚類疾病當中的一些最常會見到的疾病，都是由我們所謂的白點病所引起的。白點病可以經由一些方法來感染魚隻，以下是最常見到的方式。(1) 經由其他的魚類將病源傳染到你的水族箱中。(2) 由不同原因的緊迫現象所引發的感染。白點病在魚類的外表上所表現出來的的症狀，就是魚體上會出現很小的白色斑點。剛開始的時候在魚體上面會出現一些分散的或呈現塊狀的許多小斑點散佈在魚體的身上。這些白點蟲，如果不治療的話，很快的就會迅速擴散到魚體的內部。當魚隻感染到白點病的時候，魚體的外觀就會很不好看，而且你也可以確定魚兒一定也不是很快樂。當我們在選購孔雀魚的時候，除了要仔細的檢視飼養牠們的魚缸之外。如果水族箱中有輕微的白

點病的症狀出現的話，絕對不要在該魚缸之中選購任何一尾孔雀魚……即便裡面也有健康活潑的個體也不要考慮選購。因為這中間極有可能會有少數隱藏性的寄生蟲存在魚體之上，而這些寄生蟲是很難用肉眼就看得出來的。這就是為什麼白點蟲能從水族箱中傳染到另一個沒有感染的健康水族箱中的原因。以解剖學而言，人類有一套建立完善的免疫系統，所以，魚類也有一套相同的免疫系統。魚類的免疫系統包括了一種覆蓋在魚體外表的黏液組織。這種分泌物很像是一種濕黏的外套表層。當一尾魚碰到寄生蟲或是遇到環境的緊迫因子的時候，這個外套組織就會大量分泌黏液，而當這個黏液組織在運作的時候，會讓魚類在開放的水域中好像穿上了一層保護的外套以防有機體的入侵，這當然也包括了白點蟲在內。幸運的是，白點病的治療方法很多，包括自然和藥物的治療方法。經驗者會比較崇尚自然的方法來治療白點病，因為如果你過度的使用藥物的話，那麼這些藥物就會使魚缸中的硝酸鹽和亞硝酸鹽的硝化細菌大量死亡。首先你要檢視的事情就是，你所飼養的魚隻第一次感染到白點病的地方是在哪裡？好的自我詢問一番：水族箱中的阿摩尼亞含量很高嗎？試著找找看水族箱中是否有遭受緊迫現象的孔雀魚呢？檢查水中的 pH 質是否有劇烈的變化呢？是不是才剛剛換過魚缸中的水呢？水族箱中的水溫是否過低呢？如果上述的任何一個疑問的答案是肯定的，那麼請利用正確的做法將水族箱中的條件導正。

自然的方式

換掉 33% 的水。其次，慢慢的將水溫上升到 28~30℃。在這個時候最好暫時停止餵食。保持水族箱中的這種高水溫至少 48 小時。因為在高溫下能夠驅使白點蟲加速其生理週期的活動，然後白點蟲就會加速死亡。如果 48 小時之後孔雀魚魚體上的白色小點並沒有明顯的脫落現象，那麼就繼續進行 24 小時。在經過高溫的浸泡之後，你就需要進行藥物治療的方法了。持續的進行調和式的辦法。再治療週期結束的時候，如果白點蟲消失不見的

話，那麼就可以立刻進行另一次 33% 的換水。慢慢的讓水溫下降到正常的溫度（約為 24~26℃ 的狀況）。我們高度的建議各位使用一種含有蘆薈成份的藥物（水質穩定劑），這是一種和孔雀魚的黏膜很近似的物質。這樣做的用意是希望孔雀魚能夠大量的再生黏液外套膜的作法。千萬不要忘記使用鹽巴，如果水族箱的水中不含鹽分的話，記得要加一點進去。

藥物的使用

市售的白點病藥物有許多種不同的品牌，這些藥物對於消滅討人厭的寄生蟲是具有相當效果的。請小心的依照藥品包裝上的指示施藥，並且不要過量的使用藥物。很重要的一件事情是在使用藥物之前要記得換水，而在治療完畢之後也請記得要再次的換水。另外，在進行藥浴的時候要記得將過濾設備中的活性碳拿出來，這是因為活性碳內部的毛細孔洞會將流過它之後的藥物吸附掉而使藥性減弱。當你結束治療的流程之後，就可以將活性碳放回過濾設備中了。而當你在進行治療的時候，同時提高水族箱的水溫（慢慢地提高）並不會造成任何的影響。有些市售治療白點病的藥物之中會含有蘆薈成份的藥劑就像魚類再生的黏膜外套膜一樣，會幫助魚類自行分泌黏液組織，以減少未來的任何感染。

黴菌感染

黴菌會感染你的魚兒通常都是一般所謂的二次感染。黴菌就是，再一次的，通常都是由水質狀況很差的情況下所引起的，或是因為水族箱中相關的緊迫因子所激起的。黴菌的特徵就是大約會在魚類的嘴巴或是尾巴的地方出現一簇棉花狀的東西，顏色從白色到灰色都有。毫無疑問的，當看見魚類身上受到了黴菌的感染而出現受苦的情形時，這種景象是會很不舒服的。由於黴菌的品種超過了伍萬種以上，所以，讓我們在此縮小討論的範圍，只討論最常見且會感染你的魚兒的黴菌，那就是 Saprolegnia 黴菌。黴菌最可能會在水族箱中充滿了廢棄物的狀況下大量的出

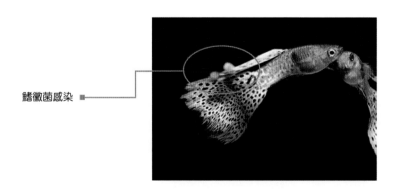

鰭黴菌感染

現，如果你曾經在一尾死魚身上發現了可怕的雲團狀的物質，那就是黴菌了。同樣的，在水族箱中多餘殘存的餌料，腐敗之後也會滋生黴菌的。但它是如何寄生在四處游動的魚類的身上呢？還是那句老話，那就是"緊迫因子"。如果你的魚兒因為水質條件很差而出現了緊迫現象，而且魚體自身的防衛系統變得薄弱的時候，這個時候在水族箱的開放水域中，這位黴菌先生就會開始攻擊並附著在魚體受傷的部位上。不幸的是，黴菌不像白點蟲那樣，很容易就可以利用自然的方法將它們給除掉。但是，無論如何，市面上仍然有出售專門消滅一定數量黴菌的藥物，而且可以徹底的將黴菌給清除掉。但首先最重要的是，先做換水的動作。然後再次的，如果你之前沒有添加鹽分的話，就請先添加鹽巴。之後就可以加入藥品了（別忘了將活性碳拿掉）。在你施藥的期間要停止餵食 48 小時，並且在你施行最後一劑的藥物處理之後要再次的換一次水。

爛鰭症

如果你所飼養的孔雀魚有和其他魚種混養的話，那麼牠們會遭受這種爛鰭病症的折磨，在我來看應該就不是太意外的事情了。然而爛鰭症（有時候這種病症會發生在孔雀魚的尾鰭上）會因為不同的細菌，或很差的水質狀況而使魚隻遭受不同程度的感染，而且這種討人厭的細菌有時還會使魚隻的尾巴爛到見骨。除了可以明顯的就看見之外，遭受爛鰭之苦的孔雀魚還會有以下的特徵：魚鰭破裂且成鋸齒狀，甚至魚鰭還會殘破不堪或完全爛光了，而在這種情況之後極有可能會有黴菌滋生的二次感染發生。好消息是魚鰭會在痊癒之後很快就再長出來。最重要的第一件事情是，如果你的水族箱中有任何"公認的敵人"，而且是魚鰭爛掉的兇手的話，立刻將它們除掉。否則，就是將孔雀魚給移出去。要治療疾病而不將問題的根源去除是沒有任何道理的。先將水族箱中的水換掉 1/3，然後使用一種有效的四環黴素的藥物進行治療，請再次的將這兩件事情牢牢的記住。(1) 如果你的水族箱中沒有鹽度的話……那就加鹽到水族箱中！(2) 在使用藥物治療的時候

要記得將過濾設備中的活性碳取走。如果你使用的是合成的黴菌感染的治療的話，那你就可以先針對黴菌作藥物的治療，然後第二天再接著使用爛鰭症的藥物作治療。請確定在每次治療流程結束之後要換掉 1/3 的水族箱中的水。

孔雀魚病

這個疾病的症狀和白點病是非常相似的，但是這個疾病的感染源卻是原生動物，它的學名為四膜蟲類（Tetrahymena）。然而，這個疾病對你的孔雀魚的真正意義為何呢？就像白點病一樣，在遭受感染的魚隻的身體上會出現許多白色的小點。而如果你很仔細的觀察的話，這些小白點會同時從突出魚鱗下方的皮膚上很快的就脫落。最後，你將會注意到你所飼養的魚群中，會有部分的個體呈現出不穩定的狀況，且其游泳能力會變的非常的差。最常發生的情況是，孔雀魚在到達你的零售商的環境之前就已經生病了。通常在很差的飲食及很差的水質條件下，這些疾病是會一直存在的，或是在魚兒生存的環境中一直存在著過多腐敗的食物，也會造成這種情形的。而這也就是為什麼在你尚未將魚兒購買回家以前，我們會建議你最好是先行仔細的檢查一下這些魚群的道理。不要那麼快就不信任你的供應商，因為無論如何，他們是沒辦法控制所有事情的。當你向一位供應商買魚的時候，他提供了你整批魚貨中最健康的個體時，從此就信任他是一個很好的想法。而這種想法就好像零售商和其批發商所建立出良好的信任關係是一樣的，因為在長時間的情況下，這個批發商都提供了零售商極具品質的魚獲，而這就是建立良好關係的原因。和白點病不同的是，原生動物寄生蟲四膜蟲類－ Tetrahymena 是更加的頑強且比白點蟲還要難以根絕。因為它們的特性是會將自己崁進孔雀魚的肌肉組織中，或甚於是進入到血管裡面。這個疾病的治療方法和白點病一樣。請牢記於心，無論如何，這種寄生蟲是相當頑強的，所以如果想要將它們擺脫掉是會很麻煩的，因此，治療的流程就需要進行一次以上才可以。

細菌性感染：罹患初期柱狀病的孔雀魚，背鰭和尾鰭已開始腐爛

細菌＋寄生蟲感染：孔雀魚體表紅色的創傷和爛鰭，是四膜蟲（Tetrahymena）和細菌感染所引起的

寄生蟲感染：被四膜蟲（Tetrahymena）感染的孔雀魚，頭部和嘴巴的皮膚組織壞死、變白

水質對孔雀魚影響之評估

藥師：陳志賢
助理：正修科大 - 化工系 陳冠宇

一、前言

目前養殖用水，水族業者及家庭式養殖所用水，大多用自來水，因自來水有含氯離子的多寡及水中鹵化物，會影響孔雀魚生存力。而大型水族養殖業，因用水量較多全用地下水。地下水須考慮水中含重金屬及有機化合物的污染，飛灰落塵中戴奧辛及含重金：銅、鋅、鉛、鎘、汞、砷，鐵的污染，氯乙烯類及有機化合物的污染。雨季的酸雨也會影響室外養殖池水中的生態，水中 pH 值變化也會影響孔雀魚生態。養殖池中水質本身自身污染，造成寄生性原蟲大量繁殖。水中藻類繁殖及甲殼類（水蚤）生物及原始寡毛類產生，對孔雀魚所造成的衝擊與利益損失。

氣溫的差異過大亦會影響，水質雖然重要，水中益菌含量多寡，對孔雀魚影響力甚大。水質、pH 值、益菌這三者是不可分的關係。

二、水質

自來水有經過水塔存放，水中的氯離子自然會揮發些，對生物體的影響較小。下雨天過後，因自來水處理場水質較混濁，氯離子含量相對增加，對生物體影響較大。一般水中 Cl⁻ 含量 0.1--0.2 ppm. 超過 0.3ppm 以上對孔雀魚就會發生體表黏膜受損，鰓組織受損而呼吸困難，造成孔雀魚的損失。大型水族養殖，因用水量多全用地下水較多，地下水須考慮水中含重金屬及有機化合物的污染，飛灰落塵中戴奧辛及重金屬：銅、鋅、鉛、鎘、鉻、汞、砷、鐵、鎳的污染，氯乙烯類及有機化合物的污染。水中藻類繁殖所產生水優養化，甲殼類（水蚤）生物及原始寡毛類與寄生性原蟲的繁殖，產生氨氮、尿酸、尿素、硫化物。重金屬對生物體內酵素有阻害，如：與細胞內 S-H 官能基之結合，酵素之結構變異，對生物體核酸之作用，細胞病變而產生癌症與畸型機率很大。

戴奧辛（dioxin）是具高度毒性，為燃燒、化學處理、以氯漂白紙漿、燃燒柴油燃料及使用除草劑之副產品。1994 年的報告雖然在動物實驗上造成癌症，戴奧辛是由空氣中散播的排放物，會落於水中、植物草地上。由魚類或動物食用吸收蓄積於體內脂肪，使魚類、鳥類、哺乳動物的在懷孕初期造成免疫系統不全，而影響生長與繁殖。

2-1. 氯的影響

一般漂白水含 10~25ppm Cl⁻ 離子，而自來水品質規定 $CHCl_3$ 不能超過 0.15ppm。

自由有效餘氯是 HOCl（次氯酸）及 ROCl⁻（次氯酸根）合在一起稱為，加氯可產生餘氯，當水離開處理廠後能繼續保持水質良好，加氯的缺點是會形成三鹵甲烷，依美國政府工業衛生師協會（ACGIH）可能有致癌現象；可能水中可能含有機物質或植物腐敗所產生有機酸（腐質酸），與氯離子結合時產生三鹵甲烷。

$$3Cl^- + RO_2H \longrightarrow CHCl_3 + ROO^-$$

$$3OCl^- + RO_2H \longrightarrow CHCl_3 + ROO^-$$

$$3HOCl + RO_2H \longrightarrow CHCl_3 + ROO^- + H_2O$$

2-2. 水中含氯來源：

自來水最常用的消毒方式利用氯氣（Cl⁻），次氯酸鈉（NaOCl）或次氯酸鈣（Ca（OCl）），氯是一種強氧化劑，易使用又便宜。當氯氣濃度 <1000mg/L 及 PH>3 時，氯氣會轉換成次氯酸鹽。

氯氣轉換 　$Cl_2 + H_2O \longrightarrow HOCl + H^+ + Cl^-$
　　　　　氯氣 + 水　　　　　　次氯酸　　　氯離子

次氯酸鹽 　$HOCl \longrightarrow H^+ + ROCl^-$
　　　　　次氯酸　　　　　　　次氯酸根

2-3. 含氯對魚的影響

氯對魚類 LD50（一半致死量）為 0.05~0.2ppm，有些魚種可耐受水中 Cl⁻ 含量 0.2 ppm，超過 0.3 ppm 對魚類就會發生體表黏膜受損，鰓組織受損而呼吸困難，造成孔雀魚的損失。氯離子對生物菌會直接傷害，也會間接影響硝化菌硝化作用。

2-4. 水中含氯的去除：

自來水可使用曝氣法或加活性碳吸附除去三鹵甲烷。相信孔雀魚養殖專業所用自來水，都有經過隔 24 小時以上儲存及曝氣法曝氣，因經過隔 24 小時可將水中氯離子揮發一些，若再經過曝氣法更能除去水中三鹵甲烷。三氯甲烷（$CHCl_3$）遇光或加熱會變質而產生極毒之光氣（Phosgene），1964 年 Van Dyke 報告有 5% 三氯甲烷會在體內代謝，會集中在肝臟而造成肝細胞損傷。1969 Cohen and Hood 報告有發現魚體內肝小葉中心靜脈周圍之壞死及細胞呈脂肪變性（Fatty degeneration），甚至發生急性黃萎縮（Acute yellow atrophy）。

2-5. 水質的變色：

水質變黃原因；有魚排泄物，因含氮有機物的形成或餌料分解生氨氮，含有不溶解的脂肪、色素、多醣類及少量蛋白質（Hellebust .1974）。還有水草植物腐敗，分解產生纖維素、木質素經久就會形成所謂腐植質。腐植質內含腐植酸及黃酸等物質，會與水中鐵、鈣、鋁產生離子螯合作用（林良平，1978），而使水質變黃褐色。

三、水的硬度

水中含有多種多價陽離子（特別是鈣離子與鎂離子）時，我們稱之為水中硬度。硬度之定義為溶液中所有多價陽離子，主要離子有鈣（Ca）、鎂（Mg）其它還有少量的鐵（Fe）、錳（Mn）、鍶（Sr）、鋁（Al）…等。

3-1. 總硬度

總硬度可以將鈣與鎂陽離子 合在一起稱之，總硬度可區分為：碳酸鹽硬度（Carbonate hardness : CH）即陰離子 HCO_3^- 和 CO_3^{2-} 及非碳酸鹽硬度（Noncarbonate hardness : NCH）即其它陰離子，若碳酸鹽硬度超過總硬度 TH（Total hardness），則碳酸鹽硬度；CH 之值 ≧ 總硬度；Th 時，會形成碳酸鹽，過量的碳酸鹽類會形成水垢。

$$Ca^{2+} + 2HCO_3^- \rightarrow 2CaCO_3 \downarrow + CO_2 \uparrow + H_2O$$

3-2. 硬度過高對魚的影響

水中硬度過高時會降低魚細胞膜的通透性，會減少魚體對體內鹽類的循環和水份的滲入。如七彩魚；會因鈣離子過高，受精卵外殼被鈣化無法孵化而死亡，或孵化不久就死亡，七彩魚在鈣離子 7dGH 以上會不產卵。一般的幼魚在高硬度的水質狀況下，也會產生骨骼鈣化而導致發育不良生長遲緩現象，繼而影響到以後成魚之體態。

3-3. 水質的軟化

因硬水會在水管中形成水垢，久而久之會阻塞水管，而降低水管內水流量，自來水處理廠會處理水的軟化。北部水質是屬於軟水，因含 $CaCO_3$ 在 50mg/L 左右。而南部較屬於硬水，含 $CaCO_3$ 在 180mg/L 左右。常用軟化方式有兩種：

1. 石灰石蘇打程序：於水中加入生石灰（CaO）或熟石灰（Ca（OH）$_2$），可將 pH 值提升 10.3，並將可溶性的碳酸氫根離子（HCO_3^-）轉換成不可溶性碳酸根（CO_3^{2-}），而將碳酸根離子沉澱為碳酸鈣（$CaCO_3$）。

$$Ca（HCO_3）_2 + Ca（OH）_2 \rightarrow 2CaCO_3 \downarrow + 2H_2O$$

通常利用二氧化碳以增加水中的碳酸鹽，而將碳酸鹽離子轉換成可溶解的碳酸氫鹽。用沉澱法來降低硬度可讓總硬度降至 40mg/L（以 $CaCO_3$ 來計算）。

2. 離子交換程序

將我們不要的離子，以附著在樹脂上的各種離子取代，離子交換程序中可移除陽離子 Ca^{2+}、Mg^{2+} 而以鈉離子代替。只要樹脂上鈉離子足夠可以將鈣離子完全交換，使硬度降低，因離子交換可用在水處理及重金屬處理。當樹脂使用一段時間，會降低離子交換機制，我們可以用食鹽水來洗滌樹脂，再形成新的 Na 2R，可重複使用一段時間，大約可重複 3~4 次。

$$Ca（HCO_3）_2 + Na2R \rightarrow CaR + 2NaHCO_3$$

四、地下水

地下水水質偏向（Ca+Mg+SO$_4$+Cl）成份為主，以非碳酸鹽硬水型較多。會因受到工業污染，由其在廢五金回收區、皮革製造業、電鍍廠、造紙業，高科技園區高科技奈米分子……等。地下水質易造成重金屬：

銅、鋅、鉛、鎘、汞、砷、鎳、硫、鐵的污染，有機化合物氯乙烯類及苯類、戴奧辛，影響生物體的生態環境。

4-1. 一般地下水分類

1：碳酸鹽硬水型：水質特性主要由 Ca（HCO$_3$）$_2$ 或 Mg（HCO$_3$）$_2$ 組成，一般受石灰岩影響或石灰岩地帶之地下水即屬此型。

2：碳酸鹽鹼水型：水質特性主要由 NaHCO$_3$ 組成，或 KHCO$_3$ 亦有之，停滯環境之地下水或深層地下水即屬此型。

3：非碳酸鹽硬水型：水質特性主要由 CaSO$_4$ 或 CaCl$_2$ 組成，一般溫泉水、礦泉水或化石水屬此型。

4：非碳酸鹽水型：水質特性主要由 NaCl 或 Na$_2$SO$_4$ 組成，海水或受海水污染之地下水即屬此型。

4-2. 水中離子的去除

一般室內養殖者較不受會影響，養殖業者所用自來水，不必注意水中重金屬含量及水中有機化合物含量。除非附近有工業區或垃圾焚化爐產，就需考慮飛灰落塵問題。只有專業養殖業者需要測水質中重金屬含量及注意鐵離子含量，因地下水鐵質含量有偏高現象。大型養殖塘內一般硫離子含量不會超過 0.1%，平均也在 0.06%。池底底泥中硫離子濃度與鐵離子值成正比，當硫化氫提高時鐵離子會降低。地下水重金屬的去除，可用活性碳、沸石（矽鋁酸鹽類）、樹脂過濾，它可除去鉻、銅、鋅、鎳、鎘、鉛…等金屬離子。

相信孔雀魚養殖專業所用自來水，都有經過隔 24 小時以上儲存及曝氣法曝氣，因經過隔 24 小時可將水中氯離子揮發一些，若再經過曝氣法及過濾法或使用陰離子樹脂過濾更好，有些專業養殖者都有過濾式水塔過濾或三段式過濾器，這樣更能除去水中三鹵甲烷及陽離子金屬。

五、氨氮在水中的轉化

孔雀魚體液是高滲壓，因此外面水會不斷滲入體內，為防止體液被沖淡，需將多餘水份經由腎臟排出。但腎小管會再吸收尿中離子以維持高滲透壓，所以腎小管會比較長，尿液排出較稀。腎臟排泄是肌酸、肌酐及尿酸；鰓部則排出氨及尿素（施琭芳，1989）。循環水系統中，氮以多種方式進入飼養水中，（1）大氣中的氮滲入水裡；（2）大型藻類所產生；（3）孔雀魚的排泄物；（4）異營性細菌行氧化作用；（5）餌料殘餘經分解產生；（6）經由鰓部進行 Na$^+$ 與 NH$_4^+$ 轉換。飼養水中大部份的氮，都來自生物體體內代謝後的產物，含氮廢物為：氨、尿素、尿酸。孔雀魚以擴散方式排氨（Hoar & Randall,1969;Lagler et al,1977）。一般魚類在氨 0.01~0.02ppm 的低濃度下無害，在 0.02~0.05ppm 的濃度下有些魚種會有影響，因氨會破壞魚類皮膚；造成皮膚出血。損害腸胃道的粘膜；使腸胃道出血。亦會傷害到大腦及神經系統，0.05ppm 以上會產生急性中毒而暴斃。美國環境保護署規定，水生環境氨應控制在 0.016ppm 以下，而歐洲水產養殖咨詢委員會建議在 0.021ppm 以下。

水中的氮：包括氨態氮、硝酸態氮、亞硝酸態氮。

5-1. 氨態氮

在水中以兩種形態存在，未解離的氨（NH$_3$）及解離的銨（NH$_4^+$），其中以 NH3 對生物體較具毒性，而 NH4+ 除非在高濃度否則無害。氨濃度 >10 ~ 150ppm 時，可能會抑制亞硝酸的反應，亞硝酸濃度 > 0.22~2.8ppm 亦會抑制硝化反應（Anthonisen et al. 1976）。

如鯰魚在氨 0.12ppm 生長就不良，上昇至 0.52ppm 會使生長降低 50%，若增加至 0.97ppm 時生長則完全停止（Colt and Tchobanoglus,1978）。

5-2. 硝酸態氮

硝酸態氮屬於慢性毒性，在高濃度下較不會影響魚類，硝酸態氮濃度高至 400ppm 對美洲大嘴鱸及鯰魚無影響（Knepp and Arkin 1973）。在半鹹水中，硝酸態氮的毒性是淡水的 1.14--1.41 倍。（Westin 1974）

5-3. 亞硝酸態氮

亞硝酸態氮是由氨及有機氮分解氧化的中間產物，因 NO（一氧化氮）離子由鰓進入魚體內血液循環系統，會破壞紅血球，將血紅素中亞鐵離子氧化，使變成變性紅血素（Methemoglobin），而使血液攜氧量降低。亞硝酸鹽類濃度 > 0.5ppm 時，有些魚種會發生此現象（Thurston and Russo ,1978）。亞硝酸態氮屬於活毒性，有些魚種可忍受到 190ppm。氨及游離亞硝酸鹽過高，對硝化反應會抑制作用。故水中氨氮及亞硝酸氮為養魚過程中，急需去除含氮物種。

5-4. 氨在孔雀魚內之代謝機制

（A）在魚類主要是經由鰓或皮膚進入孔雀魚體內，大多數的氨都是經由被動擴散進入魚體表皮細胞膜再進入體內。若水中氨濃度過高時，會使孔雀魚的氨無法經過鰓部，轉擴散於水中，亦可能會產生氨中毒現象。當氨無法排出時，孔雀魚會減少或終止攝食，以減少氨的代謝產量，生長也因此轉趨緩慢。

（b）血中 pH 值偏高時，因 NH_3 在血液中轉變 NH_4^+ 時會釋放出 OH^- 離子，使血中 pH 值上昇變成偏鹼性，若鹼性太高時會影響體內酵素的催化及細胞膜的穩定度。

（c）氨太高會破壞鰓部組織減少氧交換能力，同時也使紅血球病變，造成攜氧量減少。若紅血球變形，體內紅血球減少時，血色素也降低，因而減少攜氧到

體內供應組織，而會造孔雀魚的貧血，孔雀魚生長就因緩慢或引起其它組織的病變。最重要是長期在高濃度氨下生物體，生存力必有問題。

（d）水中的 Na^+ 離子會與孔雀魚血中 $NH4^+$ 經鰓進行轉換運輸，水中 Na^+ 離子增多時會加速孔雀魚體內氨的排泄，所以一般在換水後會加入少許鹽，以增加水中 Na^+ 離子含量。

5-5. 銨在水中經過硝化菌硝化作用變成硝酸根

$$NH_4^+ + 2O_2 \xrightarrow{\text{硝化菌}} No_3^- + 2H^+ + H_2O$$

銨在水中 x 亞硝酸菌硝化作用，可轉變成毒性也強的亞硝酸態氮。

$$2NH_4^+ + 3O_2 \xrightarrow{\text{硝化菌}} 2NO_2^- + 4H^+ + 2 H_2O$$

硝酸根離子在脫氮菌下與水中有機物結合反應變成氮氣揮發。

$$2NO_3^- + \text{有機物} \xrightarrow[\text{厭氧反應}]{\text{脫氮菌}} N_2 \uparrow + CO_2 \uparrow + H_2O$$

5-6. 水中硝化系統圖

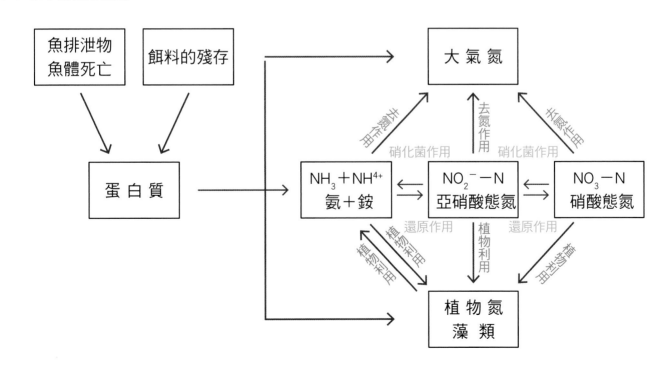

六、硫化物

硫化氫是毒性強的氣體，具臭味可溶於水中，主要是由硫化物或硫酸鹽類受厭氧菌硫化菌分解而成，也有一部份是由含硫的胱氨酸（cystine）或甲硫氨酸（methiomine）分解所產生。未解離的硫化氫對魚類具相當大的毒性，若離子化後，對魚類影響就很少。

在大型養殖塘內一般硫離子含量不會超過 0.1%，平均也在 0.06%。池底底泥中硫離子濃度與鐵離子值成正比，當硫化氫提高時鐵離子會降低。硫化氫在水中會分離成 HS^- 及 S^{2-}，只有未解離的硫化氫才具毒性。在 pH 9 時 99% 硫化物以 HS^- 形式存在，在 pH 7 時則 HS^- 和 H_2S 以 1：1 存在，但在 pH 5 時幾乎以硫化氫存在（Boyd 1982）（表一）。在 20~24℃下，水缸硫離子濃度達 0.03ppm 時，會影響氨的氧化作用，且會延續到硫離子濃度降低達 0.015ppm 為止。當硫離子濃度為 0.1ppm 時，亞硝酸態的轉換率降低 14%（Srna . R.F 與 Baggalet . A：1975）。

硫化氫本身不穩定易被氧化，水中含氧足夠會轉換成硫酸鹽。其反應式（Rheinheimer1985）

$$2H_2S + O_2 \longrightarrow S_2 + 2H_2O（80Kcal）$$

$$S^{2-} + 3O_2 + 2H_2O \longrightarrow 2H_2SO_4（240Kcal）$$

厭氧環境會導致硫化氫產生，硫化氫 LD50 為 0.5~1.0mg/L，含量在 1.0ppm 即對孔雀魚造成死亡。水中產生臭味是因白硫絲菌（*Beggiatoa albe*）、草履蟲（*Paramecium* 屬）水中球水蚤（*Moina* 屬）、劍水蚤（*Cyclops* 屬）、圓水蚤（*Alona* 屬）等的甲殼類及紅斑瓢蟲體（*Aeolosoma hemprichi*）等的原始寡毛類微生物大量出現時，生物膜處於低溶氧環境中 BOD 在 1ml/L 以下。由於他們的攝食活動，使生物膜在水中分散，而增加水中硫化物，可使硫化菌大量生長。硫化物會產生硫結晶體，當在與水分子結合產生硫酸根，使水質 pH 值下降，酸值提高。如果水質介於偏酸性時，硫化氫較易產生。

（表一）在 25℃時不同 pH 值下硫化氫在水中所佔比率

pH	5.0	6.0	7.0	8.0	9.0
%	99	91.1	50.6	9.3	1.0

6-1 硫化氫的去除

利用曝氣法或微生物硫化菌（Beggiatoa）：白硫菌、紫硫菌、綠硫菌，亦可將硫化氫轉換成硫元素以獲得能量，並利用有機質為碳源。

$$SO_4{}^{2-} + 8H^+ \rightarrow S2^- + 4H_2O$$

$$H_2S \longrightarrow HS^- + H^+：HS^- \longrightarrow S^{2-} + H^+$$

（Thauer et al 1977）反應式

$$4H_2O + SO_4{}^{2-} + H^+ \longrightarrow HS^- + 4H_2O$$

$$CH_3COO^- + SO_4{}^{2-} \longrightarrow HS^- + 2HCO_3$$

$$4H_2O + HCO_3{}^- + H^+ \longrightarrow CH_4 + 3H_2O + 2O_2$$

七、酸鹼值

自然水的酸鹼值大多介於 pH=6.5~9.0 之間，但也有許多例外。一般酸鹼性魚類致死的上限為 pH=11.0，下限為 pH=4。但魚類生存在 pH6.5 以下或 pH9.5 左右一段時間，雖不會立即死亡。若低於 pH 6 以下對孔雀魚易造成厭食症而成長不良，pH 5.7 時孔雀魚會因水質過酸而無法生存。

水中氨並不能直接由體外進入生物體內，也不能直接透過鰓進入體內。氨的致毒效應是由於體內調節滲透壓的機制失靈而導致，pH 值 8.4 時；總銨態氮中所含非離子氨的比率在 10% 時，氨才會產生致毒性（Amstrong et al .1978）。pH 值的影響大於溫度，pH 提高非離子化氨的濃度就會隨之增加，每當 pH 值上升 0.1 時，氨濃度大約增加 10 倍。如 26℃時；pH=7.0 時；氨濃度在總氨量約 0.6%，但 pH=7.6 時；則氨變成 2.35%，pH=8 時；氨則增加至 5.71%。

不同溫度及 pH 值下非離子化氮在淡水中所佔的比率 %（Boyd .1982）

pH 值	溫度		
	8	20	32
7.0	0.2	0.4	1.0
8.0	1.6	3.8	8.8
9.0	13.8	28.5	49.0
10.0	61.7	79.9	90.6

7-1. 過濾石材對水質穩定性

石材內碳酸鎂會影響 pH 值，Bower et. Al.（1981）指出以石灰石（珊瑚）、白雲石、碎牡蠣三種材質作為濾材試驗 40 天。以珊瑚石維持酸鹼度的能力最強（0.31 pH），牡蠣石次之（0.16pH），白雲石最差（0.08pH），但是濾材最初 24h 減少 pH 降低最少是珊瑚石。

八、水中含氧量

因魚種不同所需溶氧也不同，冷水魚至少需 5~8mg/L，溫水魚 3~5mg/L，才能符合養殖條件。Kanwisher（1963）指出，直徑 0.05cm 的小氣泡能在水中快速的進行氣體交換；同樣的氣泡在 2.5 秒上升 5cm，所通過 0.001~0.0015cm 厚的界膜後，氣泡內有 90% 以上能與 CO_2 濃度達到平衡。Liebermann（1957）指出，氣體平衡的差異，會因界膜層圍繞氣泡後遂漸減少，所以打破界膜力量大小與氣體交換量的多少有密切的關係。Wyman et al（1952）提出，不斷移動的氣泡會讓界膜變薄，因此氣體進入水中的數量會不斷的增加。

Kawai et al.（1971）曾評估在室溫下，試驗溶氧分別固定在 86%、34%、6% 三種形式下進行研究三個月。結果在較高溶氧情形下，氨及亞硝酸態氮有較佳的轉換效果，而最低溶氧水中，殘留氨的濃度最高。Adalla & Romaire（1996）水質測試結果，全日打氣水中溶氧量約 4mg/L，無打氣低於 1mg/L。溶氧是硝化作用最重要的因子之一，溶氧濃度必 0.5ppm 以上，才不會影響硝化反應，通常介於 2~3ppm 範圍最好，但也不能超過 20ppm 以上。所以微生物分解時，會利用水中的氧，而降低 DO（demand oxygen）含量，當 DO 降低時魚及其它生物體便受到威脅，當水中含氧量降低，也會造成令人不愉快氣味及口味與色澤。

如果水中的二氧化碳分壓過高，二氧化碳和血紅素親和力大，即使水中溶存氧氣量充足，魚類也會出現呼吸困難的現象。高水溫時，魚需氧量會增加，易造成氧氣缺乏。也易引起有機物質腐敗，成為水質惡化的誘因。水溫與病原生物增殖有著密切的關係，是疾病發生的重要因素。

九、藻類對水質的影響

水中魚的排泄物及魚體死亡，經微生物分解會造成過多養份，水質逐漸優氧化。會使藻類的大量的滋生，水中的磷、氮會使藻類滋生更快。雖然藻類可取代部份硝化菌功能，直接利用水中的氨、亞硝酸等含氮物質，減少氨、亞硝酸的累積。白天尚可進行光合作用，可釋放出氧。當夜晚藻類無法光合作用，水中溶氧將立即下降，

水中或底泥表面的生物菌所進行的分解作用，亦將消耗大量氧氣，而使孔雀魚含氧量不足，魚隻會缺氧會浮頭現象（唐,48）。當氧氣無法充份供應時，會使池底的厭氧分解層增厚，產生沼氣、硫化氫、硫化鐵等，使底部變黑變臭，環境變成不適合生物體棲息。池底有機質更提供腐生原蟲的營養，車輪蟲、斜管蟲及寄生性原蟲也大量繁殖，也會附著在魚身上及鰓部會造成疾病。

藻類過份繁殖最終必會死亡，在死亡分解時會消耗水中氧，而導致 DO 濃度不足以維持正常的生命形式，這時需利用流換水，清除底部污物，並加強打氣，降低餌料投予。

十、寄生蟲及細菌感染

寄生蟲是無所不在，想將寄生蟲排出於外是不可能的。常見的有車輪蟲、指環蟲、白點蟲、卵圓鞭毛蟲、三代蟲、赤點病、赤鰭病、鰾線蟲、黴菌感染…等。室外養殖池發生率較高，偶而死幾隻往往不會注意到，若是寄生蟲感染死亡，則會引起全池嚴重感染，等到發覺時已晚，肯定底部有許多死魚。小型養殖中亦會有寄生蟲發生，可能由境外移入，可因螺類或水草及外面魚種帶回。

1. 車輪蟲為原衝蟲類（*Trichodina sp.*）感染，易發病在高溫期。感染在鰓部及皮膚，可用福馬林 60ppm 浸泡，但是無法根治。

2. 指環蟲是單代吸蟲，在夏天高溫期約 6-7 天可完成一代繁殖。感染在鰓部及身體，會造成食慾不振，躺在底部且有鰭部潰爛現象，伴隨細菌性感染體表，會摩擦池壁呈虛弱狀躺在底部或浮頭。可用 Mebendazole 1.0ppm 治療 36-72 小時。

3. 白點蟲感染是纖毛蟲（*Ichthyophthirius Multifilis*）；感染部位是鰓部體表及胸尾鰭出現點狀潰瘍。在低水溫時易發病，可提高溫度及鹽份增至 0.9-1.5% 治療 10-14 天。

4. 卵圓鞭毛蟲寄生時會發現魚體皮膚粗糙，並躲在旁角。可用 Mebendazole 1.0ppm 治療 36-72 小時，更嚴重時可至 7 天。

5. 赤點病由敗血性假單胞菌（*Pesudomonas Anguilliseptica*）；在低水溫期（15-18℃）易發生感染，全身性有點狀出血，可提高水溫至 26-27℃，用抗生素 2.0ppm 治療 4-5 天。

6. 赤鰭病是嗜水氣單胞菌（*Aeromonas Hydrophila*）；感染會在腹部及腹鰭產生出血斑，

或發生嚴重的腸炎，投與抗生素 2.0ppm 治療 3-5 天，並加入鹽 0.5-0.9%。

7. 鰾線蟲（*Anguillicola* sp.）：為鰾內寄生蟲，目前尚無療法，只有撈出消毀，中間宿主是水蚤、橈腳類，可用有機磷劑除去。

8. 三代蟲（*Gyrodactylus* sp.）：單世代吸蟲類，胎生蟲體無眼點，寄生於鰓部。可用 Mebendazole 1.0ppm 治療 36-72 小時，更嚴重時至 7 天。

9. 水黴菌（*Saprolognia* spp.）：一般在低溫期較易感染，可用孔雀綠 0.1ppm 治療，須將溫度提至 28℃效果更好。

ppm 計算方式：1ppm= 百萬分之一 =100 L：1mg

十一、化學治療劑對水中生物之影響

治療劑是治療魚的疾病，常用有甲基藍（Methylene Blue）、孔雀綠（Methylene Green）、過錳酸鉀（Pot. Permanganate）、氯黴素（Chloramphenicol）、福爾馬林（Formalin）、富來頓（Furazolidone）、Mebendazole、Lvermectin…等。在藥浴投藥時，藻類與生物菌會因投藥而造成傷害，硝化生物菌內硝化酶活性下降，因而影響硝化作用率（Collins et al.1975 .Bower and Turner 1982）。藻類會因藥物而快速死亡，治療後最好能以流換水，以減少藥物的殘留，這時需再補充生物菌以便維持水中生物菌量。水族養殖者，在施放餌料時就是觀察魚的時刻，有發覺魚行動怪異的就要另外飼養，以免發覺生病時會感染其它種魚。撈魚網最好能單獨使用，或每次用完就浸入有消毒水中，消毒水可用 Chlorhexidine Gluconate 0.1% 或 Benzalkonium Chloride 0.02-0.05% 以免重覆感染。在治療魚病時儘量以個體方式治療，才不會讓其它種魚感染或對藥物產生抗藥性。

結論

綜合以上影響孔雀魚的水質，因養殖行為所產生水中廢物，包含二氧化碳、氨、氮、磷、硫化氫及其它元素因。正常自來水 pH 7.8-7.9，從以上發覺水質 pH 值對孔雀魚影響之大。水中氫離子過高會造成孔雀魚體表受損及鰓部組織受損而呼吸困難，造成孔雀魚的損失。三氯甲烷會在體內代謝，會集中在肝臟而造成肝細胞損傷，有發現肝小葉中心靜脈周圍之壞死及細胞呈脂肪變性，甚至發生急性黃萎縮。

在水質酸化最主要是餌料殘留及排泄物所造成的，因餌料中含有粗蛋白經過微生物分解產生氨氮及硫化物、有機酸、二氧化碳、氫、甲烷等都會影響水質及生物體。大型養殖池內一般硫離子含量不會超過 0.1%，平均也在 0.06%。池底底泥中硫離子濃度與鐵離子值成正比，當硫化氫提高時鐵離子會降低。加入生物菌對水質氮氨、亞硝酸鹽、硫化物皆可改善，鈉離子可促進魚體內氨的轉移作用，葡萄糖之碳源可促進硝化菌對氨氮轉化時利用，使對孔雀魚之傷害降至最低。

無論打氣是用任何方式，單一氣泡石打氣、上部過濾流式、底部過濾兼打氣、水中過濾棉過濾兼打氣，皆可增加水中溶氧量。溫水魚 3-5 mg/L，才能符合養殖條件。溶氧是硝化作用最重要的因子之一，溶氧濃度必 0.5ppm 以上，才不會影響硝化反應，通常介於 2~3ppm 範圍最好，但也不能超過 20ppm 以上。微生物分解時，會利用水中的氧，水中的二氧化碳分壓過高，二氧化碳和血紅素親和力大，即使水中溶存氧氣量充足，魚類也會出現呼吸困難的現象。高水溫時，魚需氧量增加，易造成氧氣缺乏，也易引起水中殘餌及有機物質腐敗，成為水質惡化的誘因。高水溫與病原生物增殖有著密切的關係，是疾病發生的重要因素。

銘誌：感謝崑山科技大學：環工系副教授－蕭明謙老師指導

參考文獻：

- Abdalla AAF, & Romaire RP, 1996. Effects of timing and duration of aeration on water quality and production of channel catfish. J. Appli Aquaculture,（6）: 1-10

- Anthonisen, A. C. R. Loehr, T. B. S. Prakasam and E. G. Srinath（1976）Inhibition of nitrification by ammonia and nitric acid J. Water Pollut. Control Fed 48 : 835~852

- Armstorng DA, Chippendale D, Knight AW, Colt JE,1978 Interaction of ionized and un-ionized ammonia on short-term survival and growth of prawn larvae, Macrobrachium rosenbergii, Biol. Bull,154 : 15-31

- Bower CE. and Turner DT（1981）. pH maintenance in closed seawater culture systems : linmitations of calcareous filtrants. Aquaculture. 23 : 211-217

- Bower, C. E. and Turner DT（1982）Acceeleratrd nitrification in new seawater culture system : Effectivenss of commercial additives and seven media from established system. Aquaculture 24 :1-9

- Boyd CE. 1982. Water quality management for pond fish culture. Elsevier Scientific Publishing Company P.O Box 211.1000AE Amsterdam. Netherlands. 318pp

- Collins. M. T, J. B. Gratzek , E . B . Shotts, D. L. Dawe, L. M. Campbell and D. R. Senn(1975) . Nitrification in an aquatic recicuation system. J. Fish Res. Bd. Can 32 : 2025~2031

- Colt J. C. and Tchobanoglous G, 1978. Chronic exposure of channel catfish, Ictalrus punctatus, to ammonia : effects on growth and survival Aquaculture, 15: 353-372

- Kanwisher J, 1963. On the exchange of gases between the atmosphere and the sea. Deep-sea Res.10:195-207

- Kawiai A. Sugiyama M. Shiozaki R. Sugahara 1. 1971. Microbiological studies on the nitrogen cyclein aquatic environments (I) . Effects of oxygen tension on the microflora and the balance of nitrogenous compounds in the experimental aquarium. Mem. Res. Inst food Sci. kyoto Uni 32: 7-15

- Knepp GL and Arkin GF, 1973. Ammonia toxicity levels and nitrate tolerance of channel catfish. Prog. Fish- cult. , 35 : 221-224

- Hellebust JA, 1974 Extracellular products in algal physiology and biochemistry, Bot Monogr. , vol 10, WDP Steward（ed）. Univ. Calif. Press. Berkeley. 838-863

- Hoar WS, Randall DJ, 1969. Fish Physiology（1）Academic Press Inc, Orlando, FL. USA 465PP

- Lagler KF, Baedach JE, Miller RR, Passion DRM, 1977. Ichthyology. John Wiley &Sons Inc, New York USA. 506PP

- Rheinheimer G. 1985 . Aquatic Microbiology. Third Edition . John Wiley and Sons Ltd, New York, USA,257

- Thauer RK, Jungermann K., Decker K, 1977 . Energy conservation in chemotrophic anaerobic bacteria. Bacteriol. Rev.,41:100-180

- Thurston, R.V . and Russo R. C.（1978）Acute toxicity of ammonia and nitrite to cutthroat trout fry .Fish Soc .112 ; 696-704

- Srna RF, Baggalye. A 1975 .Kinetic response and perturbed marine nitrification systems J. Wat. Pollut. Contr Fed 47:472-486

- Westin DT ,1974 . Nitrate toxicity to salmonid fishes. Prog. Fish-cult .,36:86-89

- Wyman JJ, Scholander PF, Edwads GA, Irving L,1952 On the stability of gas bubbles in sea water. J. Mar. Res, 11:47-62

- Gilbert ,M. Masters 著 葉欣誠譯 : 環境工程與科學概論 2002

- 林良平 1978。土壤微生物 , 大進出版社。台北，台灣，241

- 劉文御 2001 水產養殖環境學

- 何清水 2002 硝化菌與水產養殖問題集

- 何清水 1999 養殖水優養化之成因及對策 . 養魚世界 267.102-107

- 中華生物科技養殖核心技術專欄 2002 淺談室內循環水與室外池 . 養魚世界 299 .95-98

- 唐允安 2002 魚池生態均衡論 養魚世界 299.36-50

- 水族之家水族專欄 2002-12 防疫管理比較 95-98

- 施璈芳 1989 魚類生理學 農業出版社 181-223

藍尾禮服
📷莊𦙾昊

禮服 Bi-color(Tuxedo) group

Photo：蔣孝明　Nathan Chiang
others are illustrated under the photo of credit

在孔雀魚身體後半部的腰身部分（俗稱尾柄），因其有單一色塊（最早培育出的為藍黑色）覆蓋著其範圍如圖示部份，約佔身體二分之一面積故稱為半黑或 1/2 黑（Half Black）品系，在日本則以其酷似晚禮服的上半身而有禮服（Tuxedo）之稱

計程車黃黃尾禮服 (T 系)
Taxi Yellow Tuxedo(Taiwan Line)

陳彥豪 Marco Chen

紫尾禮服

吳欽鴻

黃化黃尾禮服

鍾景翔

藍尾禮服

鍾景翔

紫尾禮服（大象耳）

蔡捷貴

黃化藍尾禮服

曾皇傑 Jack Tseng

黃化黃尾禮服

曾皇傑 Jack Tseng

計程車黃尾禮服

◉曾皇傑 Jack Tseng

計程車黃尾禮服

◉林家宏

熊貓粉紅禮服（大耳朵）

🎙蔡捷貴

德系計程車黃尾禮服

🎙徐明瑋

藍尾禮服

🎙蔡銘宏

計程車黃尾禮服

🎙江俊達

大背黃尾禮服

🎙廖志軒

霓虹藍禮服

👤小騏

黃化藍尾禮服

👤毛微昕（特立魚）

德系藍禮服

🐟 養魚人

紅尾禮服

🐟 曾皇傑 Jack Tseng

迷你丹頂紅禮

◉張世宏

黃化丹頂紅尾禮服

◉曾皇傑 Jack Tseng

黃尾禮服緞帶三角尾

徐明瑋

丹頂紅尾禮服

林家宏

野生色黃尾禮服

🄫韓明均（悍馬）

銀體黃尾禮服

🄫韓明均（悍馬）

金屬粉紅禮服

🄫曾皇傑 Jack Tseng

黃化艾爾銀藍尾禮服

🄫曾皇傑 Jack Tseng

黃化黃尾禮服

🄫曾皇傑 Jack Tseng

鷗翼黃尾禮服

◎韓明均（悍馬）

馬特利黃尾禮服

崔學初（和弦）

藍尾禮服

張世宏

♀

黃尾禮服

🐾 尤兆旭

黃化白金紅尾禮服尾（入門款）

🐾 吳欽鴻

黃化白金紅尾禮服尾（入門款）

🐾 吳欽鴻

黃化白金紅尾禮服尾（入門款）

🐾 吳欽鴻

黃化白金紅尾禮服尾（入門款）

🐾 吳欽鴻

黃尾禮服

@張世宏

黃尾禮服

@小騏

紫尾禮服大背

🖐 曾皇傑 Jack Tseng

白尾禮服

🖐 曾皇傑 Jack Tseng

奶油黃黃尾禮服

◉吳欽鴻

藍尾禮服（大尾撐）

◉王洋

莫斯科藍

廖志軒

單色 （包含野生色全紅、莫藍 / 綠 / 紫）
Solid color group

Photo：蔣孝明 Nathan Chiang
others are illustrated under the photo of credit

單色孔雀魚顧名思義就是頭到尾皆為單一色系的體色表現。舉凡不含任何雜色的孔雀魚，如莫斯科藍、莫斯科綠、全白金、黃化全紅、紅尾白子等都可被稱為單色系列的孔雀魚。不過其實並不是身上沒有雜色就是單色，比如說黃化全紅，魚隻的身體的前半部分基本呈現淡黃的顏色，但是尾巴確實全紅色的。因此有資料顯示，所謂的單色就是指：尾鰭為單一顏色的孔雀魚總稱。

德系莫斯科紫
Moscow Purple (German Line)　　　　　呂安仕 Anshin Lu

藍化粉紅（熊貓）
曾皇傑 Jack Tseng

全白白子
蔡捷貴

莫斯科藍
莊蝒昊

日本藍藍尾
Japan-Blue Blue Tail　　　　　陳彥豪 Marco Chen

莫斯科藍紅尾

⬤曾皇傑 Jack Tseng

日本藍紅尾

⬤曾皇傑 Jack Tseng

莫斯科藍

👤曾皇傑 Jack Tseng

血紅全紅白子（超大背）

👤王洋

黃化全紅大背

曾皇傑 Jack Tseng

粉紅白藍尾

吳欽鴻

莫斯科黑

👤 陳志雄

黃尾禮服白子

👤👤 許天仁

紅面紅尾禮服

👤👤 許天仁

莫斯科藍

👤 曾皇傑 Jack Tseng

紅面紅尾禮服白子

👤👤 許天仁

藍化粉紅（熊貓）

👤 蔡可平

鴻運當頭獅子頭（壽星頭，KING）

👤 吉爾佶

莫斯科藍

◉黃廣利

粉紅白藍尾

◉吳欽鴻

莫斯科藍（延長背二倍體）

👤 許磊

短身紅扇（ball level）

👤 史延巍

拉朱力藍尾（大背）

📷曾皇傑 Jack Tseng

紅扇（超大背）

📷吉爾佶

黃化日本藍佛朗明哥舞者

👤 崔學初（和弦）

高帆火炬

👤 吉爾佶

黃化全紅

許磊

莫斯科藍

許磊

古老品系藍尾

🐟曾皇傑 Jack Tseng

拉朱力藍尾

🐟莊蜩昊

粉紅藍尾

📷莊蝈昊

日本藍（原生種）

📷♂曾皇傑 Jack Tseng

黃化日本藍

📷曾皇傑 Jack Tseng

莫斯科藍

📷♂曾皇傑 Jack Tseng

黃化雪白

📷曾皇傑 Jack Tseng

藍尾禮服白子
Albino Blue Topaz
　陳彥豪 Marco Chen

白子素色 （包含天空藍、全紅白子、莫藍白子等）
Albino solid color

Photo：蔣孝明　Nathan Chiang
others are illustrated under the photo of credit

　　白子孔雀魚因為身體缺乏黑色素而略見單調，不過在賽場上，尤其是白子天空藍，卻是常勝軍。跟單色系列孔雀魚一樣，白子素色的孔雀魚也沒有其他雜色或紋路。白子禮服也因為缺乏黑色素而顯現出單一色調而被納入白子素色系列

玻璃體白子

◉小成

白子全紅（短身）
ball level

◉吉爾佶

鯉魚紅白子（雙水）
Albino Koi Red (Double-Water)　　　👤呂安仕 Anshin Lu

全紅白子　　　👤黃冠之

全紅白子（T系）
Albino Full Red (Taiwan Line)　　　👤陳彥豪 Marco Chen

全紅白子　　　👤鍾景翔

全紅白子　　　👤沈小川

全紅白子

⊙ 養魚人

藍禮服白子

⊙ 小騏

粉紅白子（熊貓白子）

孫鐵軍（旭日）

全紅白子（大背）

廖志軒

美國藍尾白子

◉徐明瑋

藍尾禮服白子

◉張世宏

紅尾禮服白子

◉吳昇鴻

日本藍藍尾禮服白子

◉♛曾皇傑 Jack Tseng

丹頂紅尾禮服白子

◉林家宏

全紅白子

藍尾禮服白子

全紅（大背）

◉曾皇傑 Jack Tseng

藍尾禮服白子

◉廖志軒

全紅白子

👤小成

丹頂紅尾禮服白子

👤林家宏

計程車黃尾禮服玻璃肚白子

◉曾皇傑 Jack Tseng

全黃金矛尾白子

◉呂安仕 Anshin Lu

全紅白子（大背）

🧑 曾皇傑 Jack Tseng

瑪姜塔全紅白子（青島紅）

🧑 趙松（戰鷹）

馬特利圓尾白子

曾皇傑 Jack Tseng

紅尾禮服白子（大背）

曾皇傑 Jack Tseng

全紅白子

👤莊蜩昊

全紅白子

👤莊蜩昊

白金紅尾白子♀

👤☆ 曾皇傑 Jack Tseng

全紅白子

👤莊蜩昊

全紅白子

👤莊蜩昊

藍尾禮服白子

🙂莊蝈昊

日本藍尾禮服白子

🙂吳欽鴻

藍尾禮服白子

曾皇傑 Jack Tseng

藍尾禮服白子

曾皇傑 Jack Tseng

紅尾禮服白子

全紅白子

莫斯科紫白子

🐟🐟 曾皇傑 Jack Tseng

全黃金白子

🐟🐟 曾皇傑 Jack Tseng

計程車黃尾禮服白子（玻璃肚）

🐟🐟 曾皇傑 Jack Tseng

計程車黃尾禮服白子（玻璃肚）

🐟🐟 曾皇傑 Jack Tseng

銀河紅尾白子

🐟🐟 曾皇傑 Jack Tseng

全紅白子

🙂黃柏龍

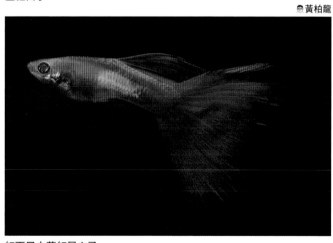

紅尾禮服白子

🙂☿ 曾皇傑 Jack Tseng

紅面日本藍紅尾白子

🙂☿ 曾皇傑 Jack Tseng

藍化粉紅白子（熊貓白子）

🙂☿ 曾皇傑 Jack Tseng

黃尾禮服白子

🙂☿ 曾皇傑 Jack Tseng

藍尾禮服白子

👤黃廣利

藍尾禮服白子

👤鍾景翔

藍尾禮服白子

👤沈小川

藍尾禮服白子

👤蔡銘宏

銀河紅尾白子

👤吳欽鴻

藍尾禮服白子

◉曾皇傑 Jack Tseng

黃尾禮服白子

◉蔡銘宏

黃蛇王
Yellow Cobra

呂安仕 Anshin Lu

蛇紋 （包含蛇王、蕾絲、銀河、美杜莎等）
Snakeskin group

Photo：蔣孝明 Nathan Chiang
others are illustrated under the photo of credit

「蛇紋」如其名，身上布滿如蛇形般的長條紋路，它是一種粗細介於馬賽克與草尾之間的紋路，而蕾絲則是比蛇紋更細緻的紋路，因綿密且飄逸所以才有蕾絲的美名。此外身體還會帶有金屬色澤。

一般來說，蛇紋與蕾絲的身體紋路越綿密越好，若出現明顯縱紋，就是基因開始弱化，而尾背上的紋路則力求分明。通常身體會帶有金屬色澤。近年來已經成功培育出許多不同的色澤表現。

黃蕾絲

◉吳欽鴻

美杜莎

◉楊明湘

♀

蕾絲黃蛇王

◉許磊

黃化蛇紋

◉毛微昕（特立魚）

黃蕾絲

吳欽鴻

黃蛇王

👤莊蜠昊

紅蕾絲（T系）
Red Lace(Taiwan Line)

👤陳彥豪 Marco Chen

銀河蛇紋

👤毛微昕（特立魚）

蕾絲

👤楊明湘

藍蕾絲

👤曾皇傑 Jack Tseng

黃蛇王

沈小川

黃蛇王

吳欽鴻

拉朱力紅蕾絲

日本藍美杜莎

銀河蛇紋

毛微昕（特立魚）

紅蕾絲蛇王

廖志軒

泰系紅蕾絲

黃柏龍

銀河黃蛇王

曾皇傑 Jack Tseng

艾爾銀蕾絲

楊明湘

黃蛇王

許天仁

蛇紋紅尾

許天仁

紅蕾絲

◉ 養魚人

蛇紋紅尾

◉ 曾皇傑 Jack Tseng

黃化黃蕾絲

◉ 曾皇傑 Jack Tseng

黃蕾絲驗燕尾

◉ 許天仁

黃蛇王

◉ 黃冠之

藍蕾絲藍尾
Blue-Lace Blue Tail

陳彥豪 Marco Chen

銀河紅尾

陳志雄

黃化紅蕾絲

小騏

紅蕾絲（三角尾）

徐明瑋

泰系紅蕾絲野生色

👤徐明瑋

紅蕾絲野生色

👤徐明瑋

紅蕾絲

👤小騏

藍蕾絲野生色

👤徐明瑋

紅蕾絲（延長背）♀

👤曾皇傑 Jack Tseng

藍蕾絲

◉莊蜠昊

禮服豹紋

◉曾皇傑 Jack Tseng

美杜莎

◉楊明湘

蛇紋藍尾

◉曾皇傑 Jack Tseng

日本藍 · 美杜莎

📷楊明湘

藍美杜莎

📷楊明湘

紫蕾絲

◉吳欽鴻

藍美杜莎

◉楊明湘

紫羅蘭美杜莎

👤吳欽鴻

蛇紋紅尾野生色

👤黃柏龍

日本藍 · 美杜莎

◉楊明湘

銀河蛇紋

◉毛微昕（特立魚）

日本藍 · 藍美杜莎（幼魚）

日本藍 · 藍美杜莎

楊明湘

艾爾銀蕾絲

楊明湘

藍草尾

◎小駿

草尾 Grass group

Photo：蔣孝明 Nathan Chiang
others are illustrated under the photo of credit

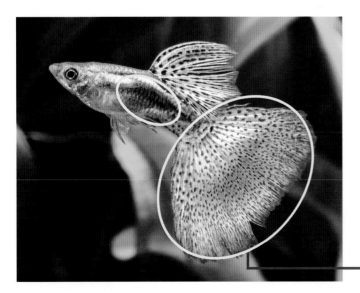

　　草尾是非常特殊的品系，其獨有的特徵在於身體的黑色菱形斑紋，以及背上那與眾不同的黑色點狀分布。挑戰草尾的玩家頗多，也培育出許多優質表現的個體。

　　飼養草尾注意的是菱形斑紋的色深鮮明，尾背同色是最基本的，而黑色噴點更是講求均勻分布。由於亞洲地區對此品系著墨甚多，所以市場上多以細點為主流，粗點則就不受青睞。

蛇紋藍草尾

📷 吳欽鴻

藍草尾

📷 吳昇鴻

酒紅眼紅草尾

📷 毛微昕（特立魚）

馬鞍藍草尾

📷 曾皇傑 Jack Tseng

珊瑚藍草尾

📷 吳欽鴻

黃化藍草尾

⊙ 毛微昕（特立魚）

辛加藍紅草尾

⊙ 莊蝈昊

藍草尾（T系）
Blue Grass(Taiwan Line)

☺吳昇鴻

馬鞍紅草尾

☺楊明湘

珊瑚藍草尾

◉曾皇傑 Jack Tseng

拉朱力黃草尾

◉曾皇傑 Jack Tseng

紫草尾

🙂曾皇傑 Jack Tseng

藍草尾

🙂葛濤

藍草尾

🐟 吳欽鴻

藍珊瑚紫草尾

🐟 吳欽鴻

紫草尾

吳欽鴻

藍草尾

張世宏

藍草尾

許華保

莫斯科藍草尾

養魚人

藍草尾

藍草尾

藍草尾

藍草尾（藍化體）

銀草尾

紫草尾

銀河草尾

⊙楊明湘

銀河藍草尾

⊙楊明湘

藍草尾

陳志雄

藍草尾

許天仁

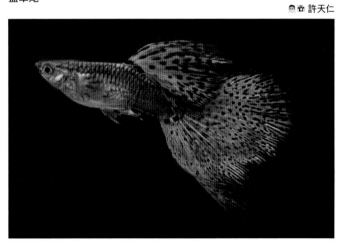

金屬蛇紋草尾

許天仁

紅草尾

曾皇傑 Jack Tseng

蛇紋黃草尾

☻黃啟閔

珊瑚藍草尾

☻吳欽鴻

馬鞍草尾

☻楊明湘

酒紅眼藍草尾

☻毛微昕（特立魚）

紅草尾（大背）

藍草尾

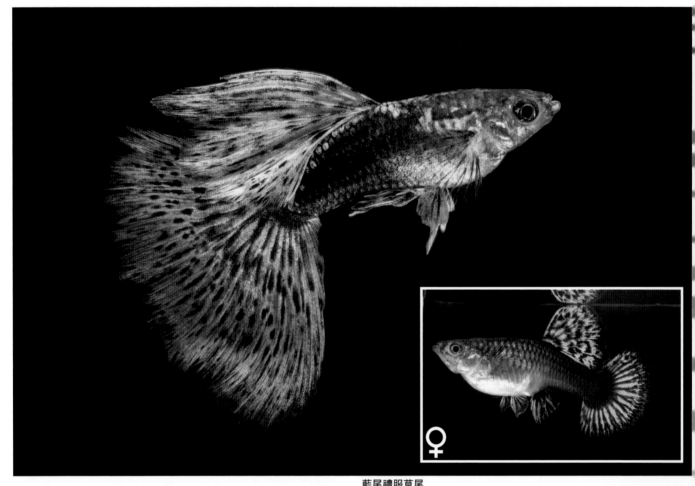

藍尾禮服草尾

👥🔖 曾皇傑 Jack Tseng

紅草尾♀

👥🔖 曾皇傑 Jack Tseng

金屬蛇紋藍草尾

👥🔖 曾皇傑 Jack Tseng

銀草尾

👥🔖 曾皇傑 Jack Tseng

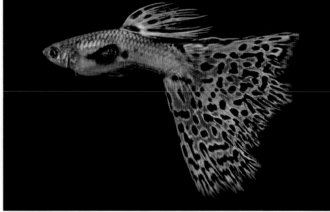

日本藍紅草尾

👥🔖 曾皇傑 Jack Tseng

銀藍草尾

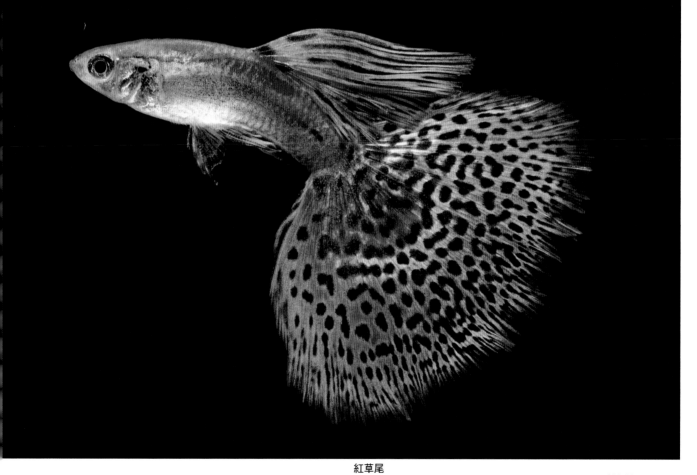

紅草尾

古老藍馬賽克
Old Fashion Blue Mosaic ◎陳彥豪

馬賽克 Mosaic group

Photo：蔣孝明 Nathan Chiang
others are illustrated under the photo of credit

尾鰭上的紋路色彩就如同馬賽克玻璃般斑斕多彩，像是一塊塊鑲嵌而成。由黑、紅、藍、黃所鑲嵌而成的表現，不論公母在尾鰭近尾柄處，有一塊較大的斑塊（多為黑色）在紋路有斑點紋、環形紋、閃電紋等，紋路的連貫與否沒有絕對，紋路色彩鮮明的尾鰭才是重點。

背鰭是馬賽克品系的弱點，若想要有好的表現，背鰭越寬大越好，且紋路色澤最好和尾鰭一致。整體來說屬於難度頗高的魚種。

紅珊瑚馬賽克
📷鍾興民

紅馬賽克
📷鍾興民

紅馬賽克
📷鍾興民

蛇紋紅馬賽克（大象耳）
📷蔡捷貴

拉朱力紅馬賽克
📷莊蜫昊

黃化白金紅馬賽克
◉蔡捷貴

聖塔瑪莉亞馬賽克
◉楊明湘

粉紅白古老藍馬賽克
Pink Old Fashion Blue Mosaic
◉呂安仕 Anshin Lu

粉紅白紅馬賽克
Pink white Red Mosaic
◉呂安仕 Anshin Lu

古老品系白馬賽克

◉楊明湘

古老品系藍馬賽克

◉張衛鴻（紅綠燈）

古老品系紅馬賽克

楊景翔

拉朱力藍馬賽克

吳昇鴻

古老品系紅馬賽克

◉曾皇傑 Jack Tseng

聖塔瑪莉亞藍馬賽克

◉楊明湘

辛加藍 · 藍馬賽克

🐟楊明湘

辛加藍 · 紅馬賽克

🐟楊明湘

日本藍紅馬賽克

許磊

古老品系藍馬賽克

莊蝒昊

禮服馬賽克半月尾

曾皇傑 Jack Tseng

禮服紅馬賽克

曾皇傑 Jack Tseng

禮服紅馬賽克

曾皇傑 Jack Tseng

聖塔瑪麗亞紅馬賽克

曾皇傑 Jack Tseng

馬鞍藍馬賽

曾皇傑 Jack Tseng

馬鞍紅馬賽克

◉楊明湘

古老品系紫馬賽克

◉曾皇傑 Jack Tseng

蛇紋馬賽克

◉曾皇傑 Jack Tseng

古老品系紅馬賽克緞帶♀

◉曾皇傑 Jack Tseng

古老品系紅馬賽克

◉曾皇傑 Jack Tseng

古老品系紅馬賽克

☻廖志軒

古老品系紅馬賽克

☻張衛鴻（紅綠燈）

白金紅馬賽克（大象耳）

☻蔡捷貴

馬賽克♀

☻廖志軒

白金紅賽克（大象耳幼魚）

☻吳昇鴻

蛇紋馬賽克

◉曾皇傑 Jack Tseng

古老品系紅馬賽克

◉李威

日本藍紅馬賽克

曾皇傑 Jack Tseng

蛇紋紅馬賽克

邱智群

蛇紋紫馬賽克（大象耳）

蔡捷貴

古老品系白馬賽克

楊景翔

古老品系紅馬賽克

廖志軒

古老品系藍馬賽克

🐱廖志軒

古老品系紅馬賽克

🐱養魚人

古老品系紅馬賽克

☻ 陳志雄

藍馬賽克

☻☙ 楊藝璋

古老品系紅馬賽克

☻ 陳志雄

藍馬賽克

☻☙ 楊藝璋

馬賽克♀

☻☙ 楊藝璋

古老品系藍馬賽克

陳志雄

蛇紋馬賽克

陳志雄

古老品系紅馬賽克

👤 邱智群

蛇紋紅馬賽克

👤 邱智群

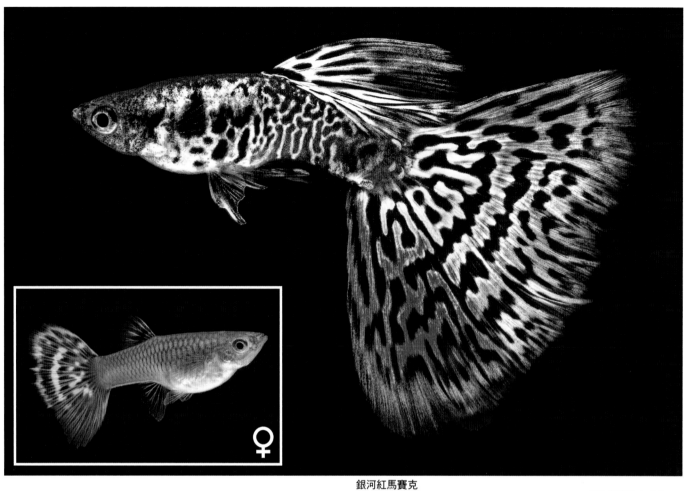

銀河紅馬賽克

🐧🦚 曾皇傑 Jack Tseng

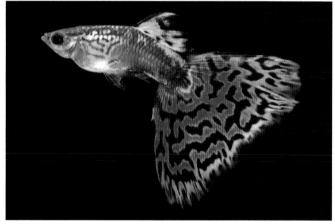

日本藍紅馬賽克

🐧🦚 曾皇傑 Jack Tseng

古老品系紅馬賽克

🐧🦚 曾皇傑 Jack Tseng

白金禮服藍馬賽克

🐧🦚 曾皇傑 Jack Tseng

白金禮服紅馬賽克

🐧🦚 曾皇傑 Jack Tseng

De Ploeg 旅館是洲際杯孔雀魚挑戰賽的指定旅館和會場

歐洲孔雀魚比賽報導

比利時孔雀魚比賽

圖／文：林安鐸（Andrew Lim）

2012 年，受國際孔雀魚聯盟 (IKGH) 前會長 Eddy Vanvoorden 的邀請，很榮幸可以代表亞洲和歐洲（因為本人的 IKGH 裁判資格是註冊於英國）遠赴比利時當評審。這次的歐洲行，除了到比利時當評審之外，也撥出幾天的時間拜訪魚友和參觀當地的水族館。這次承蒙歐洲水族好友們的熱情相助，才能讓我的歐洲行順利完成。

9月1號凌晨2點，我搭上了阿聯酋航空 Emirates 航空的 A380 巨無霸客機，開始了 10 天的歐洲之旅。搭客量高達 500 人的 A380 客機，從吉隆坡中轉經杜拜再飛荷蘭首都阿姆斯特丹，總飛行時間要 14 個半小時。很幸運的，在杜拜轉機的時候，因為經濟艙客滿，而被免費升等到商務艙。可以平躺的 Emirates 航空 A380 商務艙，確實讓長途旅程多了一份舒適。而 2 樓的商務艙，還有

一個吧台、沙發，甚至可以在高空上享用 Wifi 無綫上網，全程 wi-fi 的費用只需要 1 美金。

阿聯酋航空商務艙頂樓的空中酒吧

熱心的荷蘭朋友 Erwin Van Wirdum 夫婦，招待筆者在其住所享用早餐
Erwin Van Wirdum and his wife were great host to me when I was in the Netherlands.

當年造訪 Dr. Alex Ploeg 一家，如今照片中的三人已經往生
A memorable photo which reminds us of the late Dr. Alex Ploeg , his wife Edith and his son Robert.

抵達阿姆斯特丹的時候是下午 3 點，18°C 的氣溫讓人感覺非常舒服，長途飛行的疲累頓時一掃而空。前來接機的是在阿姆斯特丹美國大使館上班的阿根廷籍官員 Hernan Gomez。Hernan 是孔雀魚新手，不過他的上進心確實讓我感到汗顏。接觸孔雀魚短短半年內，他已經把孔雀魚的基因圖表都背熟，一路上我們暢談改魚的過程和各種不同的飼養方式。不知不覺中已經到了飯店，下車後，我送了 Hernan 兩對全紅白子和飼料，以答謝他前來接機。飯店離開市中心不遠，我把行李整頓好之後，就搭乘火車到市中心和 Erwin Van Wirdum 會合。Erwin 是國際孔雀魚推廣協會（IGEES）的歐洲代表，而本人則是亞洲代表，之前常在網路上開會，現在第一次碰面，也談了很多。

Erwin 帶我吃了荷蘭的小吃 Bitterballen 和乘船遊覽了阿姆斯特丹。阿姆斯特丹市區內擁有很多河流，古時候河流兩岸都是貨櫃倉庫和商業交流的地方，幾百年來延留下來，也造就了今日阿姆斯特丹的發達水路系統。

在阿姆斯特丹的第二天，我拜訪了 OFI（Ornamental Fish International）國際觀賞魚協會前秘書長 Alex Ploeg 博士的住家，從小就對觀賞魚有非常濃厚興趣的 Alex，搬家後家裏竟然都沒有一條魚，不過書房和客廳裏都養了好多的劍毒蛙。業務繁忙的 Alex 除了要打理 OFI 的事宜，還有自己的工作，養魚的繁瑣換水和餵食工作使常常出差的 Alex 無暇照顧，所以就改養劍毒蛙。歐洲人養蛙的風氣非常盛行，參觀完 Alex 的住家之後，我們還參觀了當地郊區一家劍毒蛙專賣店。這家店除了賣活體，周邊相關產品也非常的充足，例如飼料、活餌、積水鳳梨、蘭花、器材等等應有盡有。我們到達的時間是下午 7 點，店裏的顧客都擠滿了，我們只好到後花園去看看植物，老闆貼心的為我們送上了咖啡。據說，這家是荷蘭第二大的箭毒蛙專賣店，而一周才營業 2 天。歐洲人的悠閒，確實另

Dr. Alex Ploeg 的蛙房
Visiting Dr. Alex Pleog's vivarium room in his house.

忙碌的亞洲都市人羨慕不已！（注：Alex Ploeg 博士已於 2014 年 7 月 17 日乘搭 MH17 客機從阿姆斯特丹往吉隆坡途中，於烏克蘭領空被導彈誤射客機而身亡。這是全球水族界最大的損失和遺憾。Alex 對我也是亦師亦友，多年來我們一起到過世界各地的水族展和研討會，已經建立了深厚的友情。MH17 事故，也導致全機 283 名乘客和 15 位機組人員喪生，包含 Alex 的妻子和兒子。Alex 遺留下兩位女兒。這篇文章，也希望可以為這位水族界的巨人做一份留念）

第三天一早，Erwin 就來飯店載我去比利時。從阿姆斯特丹到這次的孔雀魚比賽場地約需 1 小時 35 分鐘。由於都是歐盟國家，所以不必護照，就可以直接開車到比利時。比賽場地是在荷比邊界的一個小公園，公園內有個開放式的動物園，風景非常怡人。主辦單位租了一個小禮堂

來辦比賽，室內有暖氣，可以確保孔雀魚在晚上低溫的時候，可以得到適當的氣溫。主辦人 Eddy 一早就到了比賽場地設缸，我們到的時候已經是中午，在場的還有開了一整晚長途車的意大利和德國魚友，已經在公園內的餐廳喝啤酒曬太陽。我和 Erwin 也加入了他們，一起享用比利時啤酒和餐點。各國孔雀魚友天南地北的聊了兩個小時，好不痛快！下午，我們幫忙主辦人 Eddy 把 180 對的孔雀魚都放進比賽缸裏，確保全部魚隻都沒事之後，我們才離開。評分是在第二天的中午進行，裁判除了本人之外，還有來自德國、法國和意大利的評審。跟亞洲評分制度不同的是，歐洲 IKGH 的評分需要對每一對魚都仔細評分，所以所耗的時間也比較長。評分也是在閉門的方式進行，以確保評審們不會受到外來的因素而影響。6 個小時冗長的評分，在接近傍晚時分結束。在等待工作人員計分的同時，我們參觀了也是主辦人之一的 Jan Hustinx 的魚室。Jan 的魚室精簡，這是在他家底下層車房旁隔出來的小空間，約 30 多缸的魚室，除了孔雀魚之外，還有一些米蝦類和神仙魚。Jan 每週換水兩次，主要是餵食豐年蝦和德國產的孔雀魚飼料。

晚上 8 點，天空還是非常的明亮，這時所有工作人員和評審們被邀請到比賽場地附近的餐廳用餐。這一餐是非常道地的比利時料理，主要有濃湯、薯條、烤肉，當然少不了著名的比利時啤酒和巧克力。各國裁判和主辦人在

比賽結束後。各國的魚友一起在戶外品嚐比利時啤酒
A beer-tasting gathering is a must after the competition.

比賽場地是在一個小公園內
This is the venue of the guppy show in Lanaken, which takes place in a park.

9 月初的比利時還是花團錦簇，公園內到處都有盛開的花朵
Although it is already September when the show took place, but flowers can be seen blooming stunningly in the park.

公園內的小綿羊和侏儒馬
Handsome horses and sheeps can also be found in this park.

這一餐的時間內，檢討了這次比賽和討論明年比賽所要注意和改進的地方。分道揚鑣後，主辦人之一 Eddy 送我和意大利裁判回飯店之前，載我們到他家坐坐。比利時人對啤酒的熱愛，真的是讓我有點受寵若驚，一踏進屋裏，餐桌上已經擺好了至少 6 種啤酒讓我們去品嘗。比利時啤酒的香醇，真的是跟德國啤酒的苦澀和丹麥啤酒的干香別有另一番滋味。Eddy 沒有魚室，不過在客廳後方隔起了一小片地方，把魚缸弄得像牆壁一樣，看起來也非常的舒服。

　　這次比賽對公眾的開放日是周六和周日兩天，沒想到在這麼偏僻的郊區公園，竟然吸引了超過 300 名魚友來參觀。這包括了來自英國、丹麥、德國、法國、荷蘭的魚友。成績方面，代表亞洲的台灣、馬來西亞和新加坡的參賽魚這次全軍覆沒，重點可能是因為亞洲方面都比較注重大背鰭，而歐洲方面則比較傾向於三角尾的發展。雖然亞洲參賽魚都拿不到三甲，不過卻得到許多歐洲玩家的讚賞，我相信假以時日，只要更加努力的為自己的魚室注入新基因，亞洲玩家的孔雀魚，一定會有機會跟歐洲的孔雀魚抗衡的。

　　比賽結束後，在離開比利時前往巴黎之前，我參觀了前 OFI 會長 Dr. Gerald Basleer 在比利時的住家 / 魚場 / 實驗室。把三個重要的地方都結合在一起，是我第一次遇見這麼瘋狂的水族玩家。Dr. Basleer 是著名德國品牌 Aquarium Munster 的產品顧問和多項飼料的研發人，也是世界水族權威的代表，著有《觀賞魚疾病圖鑒》，以被本刊翻譯成中文並出版。Dr. Basleer 的魚場說大不大，說小不小，可是看起來，卻非常的整齊有序，來自世界各國的觀賞魚，進口後都會在這裡先隔離，工作人員都會小心翼翼的做記錄。確保健康沒有疾病之後，會再出口到歐盟的其他國家。實驗室中堆滿了 Dr. Basleer 的新產品，

包括以南美洲一種果實煉製而成的 Acai 果飼料。筆者帶了一罐回家，餵食剛出生不久的孔雀魚，效果竟然不輸餵食豐年蝦無節幼蟲。忙碌的 Dr. Basleer 當然也跟一般比利時人過著悠閒的日子，家裏養了一些異國短毛貓，也常常在天氣好的時候在花園烤肉喝啤酒！

　　我的歐洲行最後一站，是法國巴黎。從比利時首都 Brussels 乘坐子彈列車，約一小時左右就到了巴黎。此次巴黎行，主要是要參觀巴黎市中心的水族館和拜訪孔雀魚好友 Ronan Botout。巴黎水族館就位於巴黎鐵塔的後方，從地鐵站出來，往前走 5 分鐘即可到達。這算是比較小型的水族館，除了一般的海水魚，其實並沒有什麼特別的驚喜，約一小時內就可以參觀完畢。

　　參觀法國魚友 Ronan 的住家，是我另一個畢生難忘的經歷，因為他的住所是在巴黎以北約 120 公里的小鄉村。巴黎的喧嘩和吵雜，在一小時多的路程後，全部都消失殆盡。眼前的畫面，就像明信片中常看到的一樣，漂亮的像似一幅畫。Ronan 從小就開始養魚，他目前專攻短尾類的孔雀魚，也出版過一本以法文書寫的孔雀魚專書。

身為一名研究觀賞魚疾病的博士，Dr. Basleer 經常一天大部分的時間都與魚類在一起。不過周末的時間一定會留給家人。

Dr. Basleer spent most of this time in the fish room and experiment room, but there is always some sweet time with his family in the weekends.

Ronan 的孔雀魚之路，一路走來，已經得了不少獎項

Ronan Botout is one of the guppy breeders whom actively participated in guppy shows and has won many awards over the years.

Ronan 的魚室
Ronan's fishroom

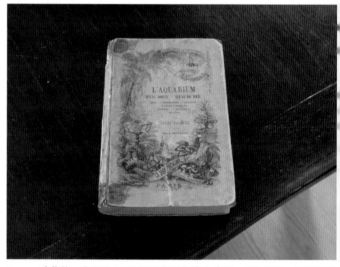

Ronan 珍藏的一本西元 1872 年出版的觀賞魚書籍，據他所說，這是目前保存得最好的法語觀賞魚書之一。

A wonderful collection by Ronan. Accoring to him, this is one of the oldest aquatic related book, written in French which was published in 1872.

同時也是 IKGH 註冊裁判和比賽的常勝軍。歐洲人習慣在讓客人參觀魚室之前先讓賓客飽嚐一頓，來到法國，當然是要喝法國紅酒。Ronan 的太太在我們抵達之前已經把美酒和法國點心都準備好了。Ronan 夫婦的熱情，跟巴黎人的冷漠高傲，完全是天淵之別。或許，這叫做，觀賞魚界沒有國界之分吧！

結語：

這次的歐洲之行，雖然沒有什麼時間去遊覽。不過能夠在短短 10 天內，跟超過 50 名魚友交流，也可說是不虛此行了。歐洲的養魚風氣不遜於亞洲，可是歐洲的玩家就是少了那份私心，想要做買賣的很少，大家都是一心想把自己的魚養好。要嘛就送魚，要嘛就交換，或許是少了這些利益上的要求，我看到的都是擁有一顆赤子之心的養魚人。擁有超過 10 個孔雀魚俱樂部的德國，甚至可以聯合舉辦孔雀魚比賽，這些場景，在亞洲，幾乎不大可能會出現。如果有朝一日，亞洲養魚人的心態可以調整得像歐洲人一樣單純，或許，我們可以看到更多的水族奇葩！我們拭目以待吧！

比利時洲際杯孔雀魚錦標賽

　　自從 2013 年第一次去比利時之後，就深深被這個國家所著迷，筆者接下來每一年都到訪比利時至少一次。

　　2017 年 4 月，Eddy Vanvoorden 創立了洲際杯孔雀魚錦標賽，第一屆的比賽在比利時小鎮哈薩爾斯特（Hasselt）的小旅館 De Ploeg 舉辦。比賽場地是一間擁有 22 間房，一間餐廳和酒吧還有兩間寬敞多功能用途的展廳的民宿。第一屆的比賽吸引了來自超過 12 個國家的玩家來參賽，此次的比賽裁判為本人、台灣的曾皇傑、意大利的 Pier Bragagnolo、法國的 Patrick Dubois、丹麥的 Anne Lyksgaard 還有英國的 Tina Smith。

　　由於 IKGH 的比賽規則是要每一缸都要評分，所以會比亞洲的評分耗時，我們從早上 10 點開始評分，直到傍晚 6 點半才結束，中間午餐和下午茶時段各休息了 30 分鐘。評分結束之後就是大家都很期待的豪門夜宴（Gala Dinner），來自各國的評審，玩家暨家眷都聚集在 De Ploeg 旅館一樓的餐廳，由主廚烹飪的比利時美食，還有特釀的孔雀魚啤酒（Guppy Beer），加上主辦單位精心安排的餘興節目，讓大家都沉醉在這個美好的夜晚裏。

　　2018 年 4 月，第二屆洲際杯孔雀魚挑戰賽在同樣地點掀開了戰幕。

　　來自全球 18 個俱樂部的 68 名玩家，一共 178 對魚在同樣的地點再次同場競技。

　　這一屆的比賽的評審陣容也頗為強大，每一位評審都非常專注用心的評分，所以這一屆的比賽也出現了從早上 11 點評到隔天淩晨 1 點的情況。兩位亞洲評審的專著和熱忱也深深打動了每一位工作人員。大會延遲了半天才公佈成績，來自荷蘭的 Michael Driesman 以 124.33 分奪下了總冠軍的寶座！

第一屆洲際杯的意大利評審 Pier Bragagnolo
Pier Bragagnolo from Italy posing during judging in 1st Intercontinental Guppy Challenge in Hasselt.

De Pleog 老闆娘 Marie-Anne L' Hoëst 也算是洲際杯孔雀魚挑戰賽的靈魂人物之一，她要包辦所有住客的早餐，還有要准備 50 人份的 Buffet 給豪門夜宴的來賓
Marie-Anne L' Hoëst is one of the two owners of De Ploeg and she is certainly one of the major key person also in this event. She needs to prepare the food for the Gala dinner for up to 50 persons.

豪門夜宴開始前各國魚友聚集一堂，有的寒暄、有的聊孔雀魚，煞是熱鬧
A moment every attendee is anticipated, the Gala Dinner.This is the night where everyone enjoys the most！

第二屆洲際杯孔雀魚挑戰賽所有評審於評分前合影。左起：中國廣州的黃嶸、大馬的安德魯、主辦人 Eddy Vanvoorden、奧地利的 Peter Eder、法國的 Fabien Liberge、意大利的 Pier Bragagnolo 和新加坡的駱榮傑

Judges of the 2nd Intercontinental Guppy Challenge posing for photo before the judging starts. From left: Huang Rong(China), Andrew Lim (Malaysia), Show manager Eddy Vanvoorden (Belgium), Peter Eder (Austria), Fabien Liberge(France), Pier Bragagnolo (Italy) and Lok Weng Kit (Singapore)

來自德國的 Ralf Loch 是許多歐洲賽事的電腦技術人員兼計分員。目前 IKGH 的電子評分系統軟體也是他研發出來的。比利時洲際杯當然也少不了他的身影

Ralf Loch (Germany) is the technical supervisor and support for this show and he is also the creator of the IKGH judging software.

比利時的啤酒舉世聞名，眾所周知。為了洲際杯而特釀的孔雀魚啤酒（右二）在第一屆的比賽只准備了 2 桶，結果於評分日當天就賣完了。第二屆比賽主辦方特地加到 6 桶，才能滿足眾多玩家的口腹之慾。

The Guppy Bier is specially brewed for this event and it stays popular during the 3 days event in De Ploeg.

開著寶馬重機的比利時警察
A handsome Belgium traffic police in BMW superbike

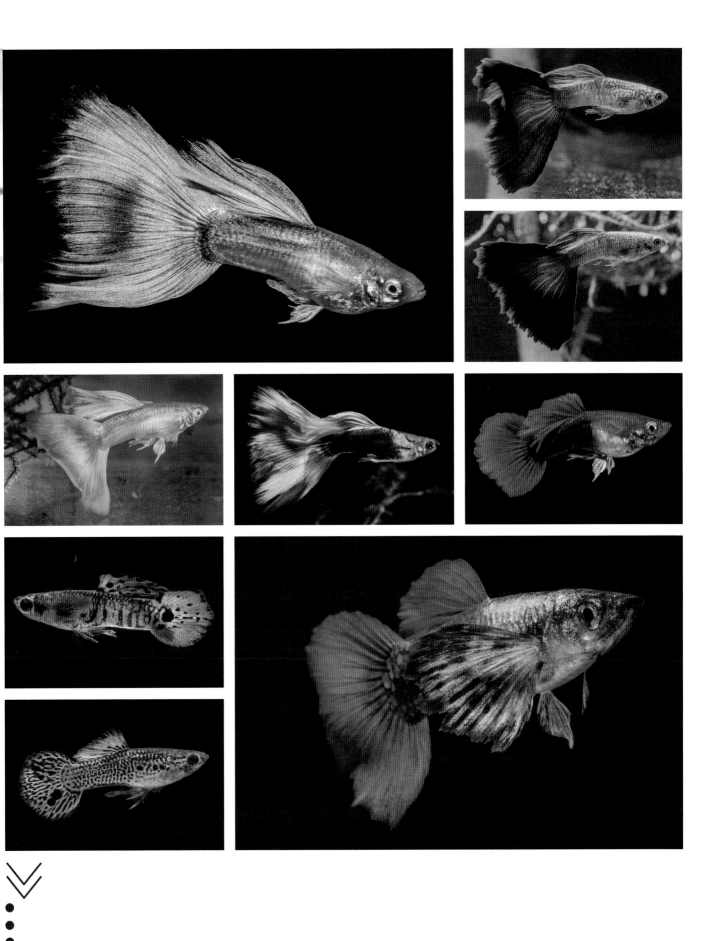

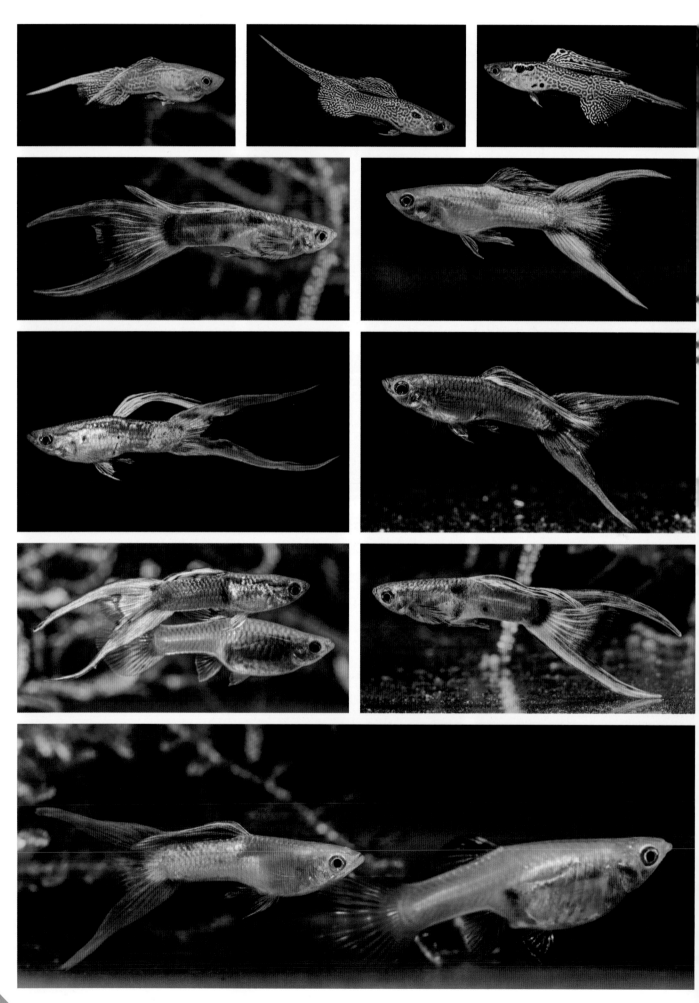

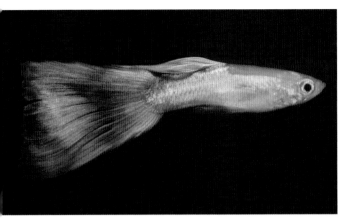

WGC 賽會的舉辦地點 -Sommerville Holiday Inn

第十五屆世界盃
孔雀魚大賽暨年會

文：林安鐸 Andrew Lim
圖：林安鐸 Andrew Lim /Bill Dugas

WGC（World Guppy Contest）是 WGA（World Guppy Association）世界孔雀魚協會所主辦的孔雀魚年度大會。自 1996 年第一屆在日本首次舉辦以來，到 2011 年已經是第十五屆了。除了 2008 年賽會懸空之外，每一年都輪流由世界各國的孔雀魚協會輪流主辦。

飯店的大廳

本屆賽會的靈魂人物 -- 威廉先生

2011 年的第十五屆年會，筆者有幸參與部分的策劃。一年前，筆者就已經和波斯頓水族俱樂部會長 William Gill 威廉先生通過每週的視頻對話開始討論該如何來籌辦這次的賽會。言談間，筆者發現威廉先生是一位非常有遠見的玩家，除了帶領波斯頓水族俱樂部邁入 100 周年，還是 IGEES 國際孔雀魚推廣和教育協會的創辦人之一。當 WGA 創辦人 Ömer Serif Gülmez 答應 2011 年的賽會落在美國波斯頓後，我們就開始忙著找地點、贊助商和策劃一些講座，來吸引更多的人來參觀。後來我們選了離開波斯頓市區僅 5 公里的 Somerville Holiday Inn 飯店內舉辦。寬敞的會議大廳提供了足夠空間讓我們擺設魚缸和攤位，也有一些小課室讓我們舉辦講座會等等。

這次的評審有三位，除了本人之外，還有 IKGH 前會長 Eddy Vanvoorden 和美國加州資深孔雀魚玩家 Frank Chang 先生（現任 WGA 主席）。

我選擇在比賽前兩天到達美國，主要是要拜訪 10 多年前在美國波斯頓大學的同學和調整時差。我從新加坡出發，搭乘波音 777 飛機先到德國停留一小時，再轉飛美國紐約。到達紐約後，還要轉搭內陸班機到波斯頓。經過顛簸的 21 個小時飛行時間和 9 個小時的候機時間，終於抵達美國東北最漂亮的城市 - 波斯頓。

歷屆世界盃孔雀魚大賽舉辦地點

1996 1. WGC, Osaka/Japan 日本
1997 2. WGC, Nuremberg/Germany 德國
1998 3. WGC, Milwaukee/USA 美國
1999 4. WGC, Rio de Janeiro/Brasil 巴西
2000 5. WGC, Vienna/Austria 奧地利
2001 6. WGC, Prague/Czech 捷克
2002 7. WGC, Nuremberg/Germany 德國
2003 8. WGC, Santos/Brasil 巴西
2004 9. WGC, Milwaukee/USA 美國
2005 10. WGC, Taipei/Taiwan 台灣
2006 11. WGC, Prague/Czech 捷克
2007 12. WGC, Brasilia/Brazil 巴西
2009 13. WGC, Ferrara/Italy 意大利
2010 14. WGC, Belo Horizonte/Brazil 巴西
2011 15. WGC, Boston/USA 美國

紐約時代廣場

很酷的波斯頓警察機車

不在行程裏面的 Factory Outlet，卻是我最想再去的地方

餐後一杯紅酒，是美國人的習俗。左起 Bob Lewis、Frank Chang、Andrew Lim

還好新加坡航空的飛機舒適加上到達的時間是下午，我才不會太過疲憊。一到達機場，威廉先生已經在機場等候，10 月中的美國東岸，已經進入深秋，外面的氣溫只有攝氏 10 度，冷冽的秋風卻吹不掉大家對孔雀魚的熱情。我們一見面就像老朋友一樣聊個不停。威廉在傍晚時分送我到飯店，也是賽會場所。第一晚在波斯頓，我沒有因為時差而失眠！

第二天一早，我在飯店大廳和 Frank Chang 會合，他是搭乘最早的一班機，從美國加州飛抵波斯頓。由於還沒有到飯店規定的下午 2 點 check in 時間，我們只好在大廳處寒暄。中午 12 點，我們兩個搭乘波斯頓的捷運到機場，準備迎接比利時的裁判 Eddy Vanvoorden。Eddy 預計下午 1 點半抵達，可是我們在機場苦苦等候了 3 個小時，還不見人影，我開始有不好的預感，但是又聯絡不上 Eddy 本人，再加上我們約了兩位玩家要到他們家裏去參觀，不得已下我們只好放棄繼續等待。

我們前往機場出租車的櫃檯，租了一台車子，準備往南到羅得島去拜訪 Bob Lewis 和 Bill Driscoll 兩位前輩。

我們的第一站是 Bob Lewis 的住家。Bob 是美國著名孔雀魚玩家，也是 IFGA 註冊裁判。我們在滂沱大雨中抵達 Bob 的住處，飢腸轆轆的我們本來打算快速參觀 Bob 的魚室之後再去附近一家中餐舘享用中餐，不過一踏進 Bob 的家門，Bob 的太太已經為我們準備了一頓豐富的道地美國晚餐和美酒，盛情之下我們也跟 Bob 兩夫婦言談甚歡。Bob 的魚室是在地下室，一共有接近 200 缸，由於不是採用亞洲玩家慣用的滴流系統，所以他必須每個星期自己親自換水，每一次換水需花費 4 個小時，加上 2 個小時觀察和管理，這些工作對於一位 60 多歲的老人來說，的確是有點吃力。不過 Bob 一點都不在乎，他說這就是他的每週運動量，心情好的時候，甚至可以每週勞動兩次。

Bob 的主力是單色系列，尤其是他所培養的綠孔雀和莫斯科藍，更是在許多賽事中囊括許多獎項。除此之外，他還有象牙白禮服、蛇王孔雀，和自己改良的日本藍草尾。美國東北的冬天非常寒冷，Bob 是用一台強力的電暖機來為整個地下室加溫，冬天的時候魚室的水溫為攝氏 22 度，室外氣溫可以達到攝氏零下 10 度。

Bob 的魚室

Bob 正在示範如何為孔雀魚修剪尾巴

Bob 收取子代的方式

Bob 得獎無數的綠孔雀

由於幾個月前 Bob 的地下室遭受水災的洗禮，幾乎 70% 的魚都因為停電和日夜溫差的煎熬而不幸死亡，所以我們這次只能看到一些比較小的幼魚和亞成魚。我們聊到接近晚上 11 點，才離開 Bob 的住家前往 Bill Driscoll 的魚室。

Bill Driscoll 住在羅得島 Warwick 縣，距離 Bill 的住家約半小時的路程，在路上接到比利時裁判 Eddy Vanvoorden 的電話，原來是他在倫敦專機的時候接不上往波斯頓的班機，必須趕搭下一趟班機，所以才遲到了。我們請他先去飯店休息，隔天再跟他會合。Bill 是美國孔雀魚界的一朵奇葩，飼養孔雀魚已經有接近半個世紀，經驗非常的豐富。他的魚室同樣是建在地下室，缸數有約 80 缸，他也是少數在美國擁有完整滴流系統缸的玩家。由於年數已高，眼力退化，目前孔雀魚只是專注在全紅白子和黃化全紅，其他的缸子都改來繁殖神仙魚和異型。Bill 老先生對於孔雀魚的熱愛確實讓我佩服得五體投地，50 年來默默的為美國孔雀魚的發展獻出微薄但強而有力的影響，確實是始於孔雀魚，終於孔雀魚。由於已經是午夜，我們還要趕回去波斯頓，這次的探訪在匆匆的半小時內結束了，不過我們卻是帶著滿足的心情離開。

第三天是評審日，三位評審在午餐過後開始評分，由於歐洲、日本和南美洲的魚臨時因為美國入口法令的更改而無法準時進到會場。一百多缸的孔雀魚變成亞洲、美國和英國的競爭，雖然競爭沒有那麼激烈，不過水準還是蠻高的。尤其是得到全紅白子冠軍的美國魚，更是令筆者嘆為觀止，據飼者所說，這魚已經有 15 個月年齡，無論是體型、三角尾或背鰭，都是非常的巨大，也是我在那麼多場孔雀魚評審賽事中第一次所見。重點是，雖然是老魚，

筆者和 Bill Dricoll 合影

Bill 的魚室

Bill 採用滴流的方式來飼養孔雀魚，魚很明顯的比較活潑和健康

Bill 自製的豐年蝦孵化器

Bill 所繁殖的神仙魚，空間有點小不過都很健康

不過體色一點也不遜色。只可惜尾巴有一點點缺角,不然這可是我心目中的全場總冠軍。

下午有幾場講座會,還有波斯頓水族協會的會員來擺攤子賣魚和水草,參觀的人數也開始多了起來。其中一場講座會是加拿大孔雀魚基因權威 Philip Shaddock 隔空利用網路視頻來跟大家解說孔雀魚的基因和改魚的技巧。2 小時的視頻講座雖然冗長,不過大家都得到非常寶貴的經驗。講座會完畢,大家有個很好的交流時間。

當天傍晚,大會安排了工作人員和所有裁判到波斯頓水族館參觀,並品嘗了道地的波斯頓龍蝦和逛夜市,來自美國和世界各地的魚友再次借此機會好好的交流,分享大家的養魚經驗。而四天的賽事在最後一天的拍賣會後正式劃上休止符。

比賽開始前,工作人員先把參賽魚分組

拍賣會現場

三位評審聚精會神地評分

10 月是美東賞楓的最好月份

賽會的禦用攝影師,辛苦的為每一對參賽魚拍下倩影

波斯頓藝術博物館

波斯頓水族館外觀

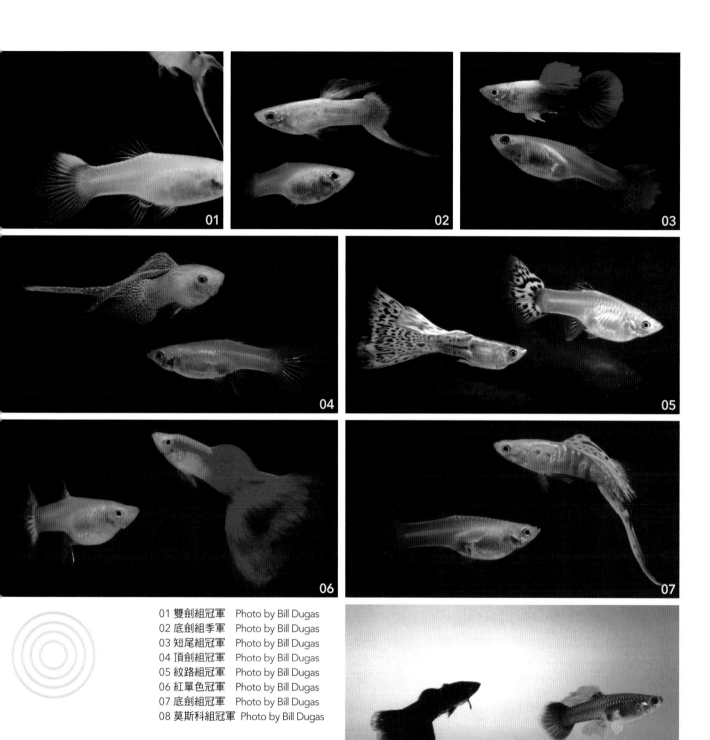

01 雙劍組冠軍　Photo by Bill Dugas
02 底劍組季軍　Photo by Bill Dugas
03 短尾組冠軍　Photo by Bill Dugas
04 頂劍組冠軍　Photo by Bill Dugas
05 紋路組冠軍　Photo by Bill Dugas
06 紅單色冠軍　Photo by Bill Dugas
07 底劍組冠軍　Photo by Bill Dugas
08 莫斯科組冠軍　Photo by Bill Dugas

得獎名單

組　別	1st	2nd	3rd
Topswords 頂劍	Alan Bias	Alan Bias	Alan Bias
Doubleswords 雙劍	Alan Bias	Alan Bias	Hong Zhen Cheng
Bottomswords 底劍	Alan Bias	Alan Bias	Alan Bias
Short Tail 短尾	Dana & Shaina Anderson	H.K. Tan	Peter Chong
Moscow Triangle 莫斯科	H. K. Tan	Frank Chang	S.M. Lim
Blue Triangle 藍色三角尾	Frank Chang	Laura and Mark Barrasso	---
Red Triangle 紅色三角尾	Michael Marcotrigiano	Michael Marcotrigiano	---
Albino Triangle 白子三角尾	C.P. Yeoh	Jian Zhong, Jian	B.Y. Goh
Snakeskin Triangle 蛇紋	Frank Chang	Hong, Zhen Chong	Lin Ming Qi
Varigated Triangle 紋路	C.P. Yeoh	H.K. Tan	Jian Zhong, Jian
Half Black Triangle 禮服	Anshin Lu	Zhong, Jian	---
Best of Show 全場最佳	Frank Chang - Blue Triangle	C.P. Yeoh - Varigated Triangle	H.K. Tan - Moscow Triangle

第十六屆
世界盃孔雀魚大賽

文：林安鐸 Andrew Lim
圖：林安鐸 Andrew Lim /Harn Sheng

第十六屆世界盃孔雀魚大賽由大馬孔雀魚俱樂部拿到主辦權，舉辦地點在吉隆坡谷中城會展中心。2012 年 7 月就開始籌備此賽事，從印刷宣傳海報、邀請裁判和跟個方面的聯繫工作，都比之前辦比賽更早幾個月開始籌備。由於是世界性的賽事，在邀請裁判方面，先向世界各地的 18 名知名評審伸出橄欖枝，到後來確定能夠出席的有 8 位，加上一位裁判長，這次的世界盃孔雀魚大賽是從第一屆有始以來，評審團陣容最強大的一次。參賽魚來自 18 個國家，超過 400 對孔雀魚在小小的玻璃缸一展風姿。這也是自 2005 年世界盃孔雀魚大賽在台北舉行之後，第一次又在亞洲城市舉行。

◀ 世界冠軍全紅白子（大背）

▼ 來自廣州的黃嶸，以一對出色的黃尾禮服奪下
　 亞洲組冠軍

此次比賽，由於經費不足，所有的玻璃魚缸都是由大馬孔雀魚俱樂部的委員親手製作。白天需要上班的他們，花了將近 2 個月的時間，下班後抽空聚在一起，切割玻璃，然後把一片片的玻璃黏制成魚缸，這些都是大家的心血。

比賽前一周，我就開始迎接國外的貴賓，來自美國佛羅里達州的喬 · 梅森（Joe Mason）率先抵達檳城機場。三小時後，來自加利福尼亞州的 Frank Chang 和兩位魚友 John Niemans 和 Vince 也到了。幸好這次事先有向漁業部的檢疫局事先申請活體進口准証，4 位從美國飛了 20 多個小時的外國友人終於有驚無險的順利入關。英國

裁判 Stephen Elliott 兩天後也飛抵檳城。這幾天我和俱樂部創辦人之一 Helven 蘇志忠也就忙碌的招待外賓，野採、爬山吃榴蓮，品嘗海鮮，當然也少不了參觀檳城魚友的魚室和魚場。

6/23 星期三，我和 Helven 分乘兩台車子，載了滿滿的參賽魚和外賓，一路向南的往吉隆坡開去。4 小時的車程，在有說有笑中，很快就度過了。到了旅館，先幫外賓們 check in，飢腸轆轆的我們剛決定要去吃午餐，就在飯店的大廳遇到剛抵達的台灣評審廖志軒夫婦和大陸的評審王作為夫婦。此次廖太太也是第二次來馬，擔任日本裁判的翻譯員。

評分前的評審會議

仔細觀察然後做出最嚴謹的評比

比賽現場

午餐後，我和 Helven 繼續忙碌的接待，開車趕往吉隆坡國際機場，新加坡評審、日本評審、韓國代表團、大陸代表團和歐洲代表團相繼抵埗。接了大家到會場，已經是晚上 8 點多了。各國的代表，雖然飛行一整天都很疲憊，雖然說著不一樣的語言，不過當孔雀魚的身影飄入眼簾的時候，那不熟悉的語言，卻好像打開咒語的鑰匙，大家都豪不陌生的談起來。管他是美國人跟日本人，還是英國人對中國人，大家臉上洋溢著的，是喜悅、是歡樂，就像是闊別多年的老友見面一樣，倍感親切！

第二天是魚隻入場兼評分，由於參賽魚眾多，加上世界盃孔雀魚大賽是以尾型來分組，而不是以一般亞洲的品系來分組，所以比較耗時，加上美國還有一位魚友 Mike Khalid 當天傍晚才抵達，所以評分在晚上 7 點才開始。8 位評審非常專業的評分，都把每一對該評分的魚細細的觀察，雖然閒中因為區域性和評分標準的差異，有些爭議，不過經過裁判長和本人的協調，總算有個圓滿的結果。

世界冠軍由來自台灣的阿姚以一對大背的全紅白子奪得。證明在歐美不是很受歡迎的亞洲大背基因系統，在亞洲還是比較佔優勢。亞洲冠軍由中國廣州的黃嶸以黃尾禮服奪下。此次參賽的國家眾多，另本人感到欣慰的是，來自歐洲的參賽國竟然高達 8 個國家。據歐洲評審透露，這種情況，即時是在歐洲當地的比賽，也很少見。

第十六屆世界盃評審名單

裁判長：蘇志忠 Helven Saw（馬來西亞）			
評審團	Frank Chang	美國	Lok Weng Kit	新加坡
	Stephen Elliott	英國	Yap Vui Soon	馬來西亞
	Akihiro Satou 佐藤章弘	日本	王作為	中國大陸
	Kim Tae Hoon	韓國	廖志軒	台灣

亞洲冠軍

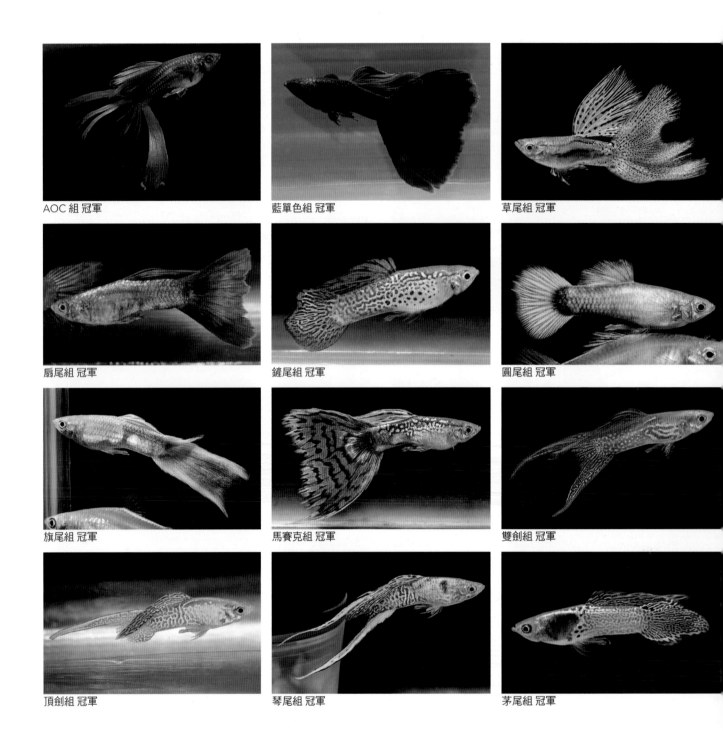

AOC 組 冠軍

藍單色組 冠軍

草尾組 冠軍

扇尾組 冠軍

鏈尾組 冠軍

圓尾組 冠軍

旗尾組 冠軍

馬賽克組 冠軍

雙劍組 冠軍

頂劍組 冠軍

琴尾組 冠軍

茅尾組 冠軍

　　根據我以往參加國外世界盃孔雀魚比賽的經驗，在最後一晚，我們也辦了一個豪門夜宴。這個晚宴是在銜接著會場的龍城大酒店的宴會廳舉行，所有的國外評審、嘉賓、主辦單位負責人都出席了這個宴會。晚宴時，來自美國的評審 Frank Chang 也主持了世界孔雀魚協會的新一屆改選。本人很榮幸的被選會新一任的主席，希望在接下來的兩年任期內，可以帶領是世界孔雀魚協會走向另一個新的里程碑。

　　由於是最後一晚了，一開始大家還是很含蓄的用餐，到了中間階段，外賓們都紛紛走向前台發表賽後感言，這些感性中人的發言，深深激起了每一位在場的嘉賓的熱血，場面就像高中畢業典禮一樣，到了最後，大家都紛紛離開座位，向在場的國外朋友索取簽名和聯絡方式。驪歌奏起，天下沒有不散的宴席，大家在彼此深情祝福聲中，結束了今天的晚宴。

　　賽後，大家都一致認為這是歷來辦得最好，最成功的一次世界盃孔雀魚大賽之一。身為統籌，我要向每一位對這次賽會付出的朋友，缺少任何一方面的資源或支持，都不能達到那麼圓滿的結束。第十七屆世界盃孔雀魚大賽，中國天津見！

遇見世界盃，因孔雀魚而感動

文：侯怡如

2013 年 6 月孔雀魚世界盃在馬來西亞盛大舉行，我以一位翻譯人員的身分與擔任評審員的外子前往馬來西亞共襄盛舉。

對於孔雀魚這種生物來說有點陌生又不是太陌生，因為老公從年輕時候就是如此狂熱，所以我自然而然的與孔雀魚就這樣的有點熟又不會太熟了起來；在 2011 年的一場賽事中認識了來自日本的佐藤先生，也因緣際會的幫他翻譯後就此成為好朋友，不但數次來台灣的旅程都會住在家裡，連我們去日本也一定會去拜訪；今年的世界盃當然少不了佐藤先生了，而老公也受邀前往擔任評審。

起初的我就只知道孔雀魚就是孔雀魚，孰不知還有那麼多的品系跟種類，當然還有好多好多的名稱是我根本沒辦法翻譯出來的！什麼草尾！全紅！白子！蕾絲！黃化！禮紋！大背！雙劍！琴尾！緞帶！馬賽克！………太多太多的名稱讓我真的是大開了眼界，從一開始的報名（每一對魚仔細觀看並且區分品系組別）就花費了將近六個小時的時間了；因為來自世界各地的裁判還有魚友們帶來參賽的魚隻就將近四百多組了，所以是多麼的嚇人，報名分好組別並且完成編號之後一對對的魚要放入水族缸中當然又是一場浩大的工程呢！！而這四百多缸玻璃水族缸可都是大馬孔雀魚俱樂部的大家花費了一、兩個月的時間，一缸缸的黏起來的，所以是有感情的唷！

開始評分之後我第一次因為孔雀魚而感動！每位評審都是如此聚精會神的細細端詳著每一對孔雀魚，就像是在觀賞一部部美麗的電影般～游姿～體態～身形～活力～每一細項都是評分的重點！真的！就像是在選美一樣喔！而不是像老師改考券般的答案對了就打勾呢。每個評審都各自有自己的美的標準，也就是評分的標準，而在評分的同時，因為魚種的歸類發生了一點小小的分歧，也引發了小小的一番討論，身為翻譯的我第一次感受到需要委婉翻譯的重要性！！

孔雀魚～這樣奧妙的生物經由不同品系的交配會得到很多不同的結果是我淺淺的知識之一；很多人也許覺得孔雀魚很會生很好生也很好養，不過看在我眼裡這真的是一個不可思議又很多采多姿的生物種；原以為在市場裡面一隻僅價值十塊錢的孔雀魚，當它是來自純品種又是稀少物的時候也許新台幣五千元都不為過呢！！！

這次的世界盃讓我遇見了來自世界各國的朋友，年紀大的八十歲最年輕的應該也才二十出頭，這樣的環境下這樣的相遇！因為孔雀魚我們開心時大大的擁抱～在離別時相互的不捨～這樣的凝聚力真的讓我不可思議！

2013 年孔雀魚世界盃的總冠軍被我們台灣給抱了回來，大大小小的獎盃總共有 19 座這麼多，雖然是重的不得了卻也是開心無比的負荷～

感謝大馬俱樂部的所有工作人員還有好朋友安德魯以及來自日本、英國、美國、韓國、中國、新加坡及馬來西亞的裁判團們，還有所有對於孔雀魚這樣熱忱的魚友們給我上了人生中這樣寶貴的一課！期待能夠有下一次見面的緣分～

最後的圓舞曲結束之後，全體嘉賓來張大合照

天津第十七屆
世界盃
孔雀魚大賽

禮服組冠軍
兼
全場總冠軍

■文/圖：林安鐸 Andrew Lim　■圖：林安鐸、蔡勁、王雨田、蘇志忠

世界孔雀魚協會成立於 1990 年初。那個時候正是歐洲孔雀魚的全盛時期，有鑑於此，德國籍土耳其人 Ome Gulmez 成立了世界孔雀魚協會（World Guppy Association）。協會只招收各國的孔雀魚團體，不招收個人會員。目標是以推廣純品系孔雀魚為前提，透過各個不同的團體一起在世界各地推廣和教育各階層的孔雀魚玩家，目前的會員大多數是來自歐洲的團體。其中也有一些亞洲的孔雀魚團體，是在 2000 年以後加入的，例如馬來西亞孔雀魚俱樂部和新加坡孔雀魚協會。世界孔雀魚協會（下稱 WGA）第一次舉辦的世界盃孔雀魚大賽 World Guppy Contest（下稱 WGC）是在日本大阪舉行，2005 年在台北舉辦，2013 年由筆者在吉隆坡舉辦，其餘賽事都是在歐美城市舉辦。去年第十六屆 WGC，中國正式提出申辦要求，由於沒有其他團體要求申辦，經過 8 國 13 名委員的投票表決之後，一致通過由中國天津為第十七屆的舉辦城市。這也是 WGC 連續兩屆在亞洲城市舉辦。

　　筆者這一次是以世界孔雀魚協會會長兼評審團協調員的身份出席今年的賽事。這一屆比賽由中國孔雀魚網的王作為統籌，負責在中國大陸新招贊助商和會場的準備工作。筆者則負責聯繫各國孔雀魚團體和邀請裁判的任務。

　　筆者 8/28 中午從檳城出發，經香港轉機後於晚上 點抵達天津濱海國際機場。一抵達入境大廳，就看到這一屆的中國評審兼中國水族協會孔雀魚發展會副會長黃嶼親自來接機。在車上寒暄了一下，不知不覺已經到了評審

這一屆比賽破了幾項 WGC 的記錄

最多位評審
今年的賽事有 11 位評審和 2 位協調員

最多參賽組數
700 缸

最貴、最重、最漂亮的 WGC 獎杯
由水晶玻璃搭配中國七彩琉璃製成

總冠軍參賽魚以 15,000 人民幣的成交價拍賣成功

和貴賓們下榻的飯店。在大廳上巧遇也是剛抵達的德國和新加坡評審，還有特地遠道而來的美國玩家 Dr. John Flakes。之後一樣由黃副會長招待這一批深夜到達的貴賓享用天津的第一頓飯～燒烤大餐。

第二天，也是評分日。評審們先在飯店大廳集合，由於人數眾多，必須分批載送才能把全部的評審都載到會場。我們先開了一個簡短的評審會議，好讓每一國的評審都了解評分的標準和流程。接下來便是冗長的評分作業。11 位各國評審都非常認真的評分。之間有發生了一段小插曲，就是歐美的評審對亞洲的大背和三角尾的評分法有點異議，所以評分在下午暫時停頓。由筆者和主辦人王作為再主持一個小會議，經過協調之後評分才繼續順利的進行。評分約進行了 7 個小時，於晚上 8 點結束。

第三天是由主辦單位包了一台遊覽車，載送各國裁判和貴賓到黃崖關長城參觀。

在車上，主辦方也贈送給每一位評審一把人工手繪的孔雀魚油墨畫扇子做為紀念。長城遊覽在很濃的霧氣下進行，這倒增添了不少神秘和哀愁感，更讓大家都讚歎這

座讓航宇員在月球上唯一能以肉眼見得到的建築物。長城行隨著一頓豐富的農村宴而結束今天的遊覽。接著，遊覽車把大家帶到天津中環國際水族生態產業園參觀，這龐大的水族生態園也是主要贊助商張貴友的公司，主要是進口國外的觀賞魚，檢疫後再批發給中盤或水族店家。參觀完畢，由本人主持一年一度的世界孔雀魚協會改選和閉門會

會場水族買賣展示區，來參觀的魚友不只可以觀賞到高品質的孔雀魚，也可以買得到相關的周邊產品

天津中環國際休閒中心是這次比賽的場地會場的布置和燈光都讓人耳目一新

細部評分環節

評分開始前，所有裁判和贊助商合影

評審之一的日本佐藤先生和台灣李振陽先生正接受大陸媒體的採訪

世界孔雀魚協會委員和裁判們的閉門會議

評分休息時間，裁判們爭取時間休息和用餐

大會提供的飯店是五星級的維多利亞大酒店，每天都有豐富的自助早餐

由本人主持的拍賣會，現場拍賣三件物品，照片中的是手繪油墨畫的孔雀魚扇子

大會送給裁判們的孔雀魚水墨畫扇子，選擇在遊覽車上發送，非常有意思

頒獎典禮盛大而莊嚴，天津政府單位的領導人都到齊了

參觀天津中環國際水族生態產業園

裁判們、主辦人和贊助商在最後一晚的晚宴上留下合影

最後一晚的慶功宴 在集賢閣海鮮酒樓舉行，宴請 10 桌

各國裁判在黃崖關長城當了好漢

大會租了一台遊覽車，載送評審們和國外貴賓到黃崖關長城遊覽

這一屆的世界盃，就像是一場豪門夜宴，各國玩家都爭取時間跟大家交流，就連在高速公路的休息站，也可以看到這樣的畫面

議，會議的主要議程是表決下一屆的主辦城市和選出新任會長。美國的佛羅里達州在沒有競爭對手下，成為第十八屆世界盃孔雀魚大賽的主辦城市。改選的結果是由來自德國的 Hermann-Ernst Magoschitz 當選新任會長，台灣的李振陽當選副會長。會議約在一小時後結束，之後張貴友款待評審和貴賓們享用晚餐。

頒獎典禮被安排在最後一天舉行。大會邀請了天津市政府的官員，漁業署的負責人還有商業界的代表出席了這次的盛典。頒獎人由官員和贊助商輪流替換。總冠軍是由台灣的姚瑞偉奪得。這一次的得獎人分佈得很均勻，歐洲、新加坡、馬來西亞、日本、菲律賓、韓國、中國大陸和台灣都有玩家得獎，說明了近年來的孔雀魚水準，已經在國際上達到相當接近的水平。頒獎前先由筆者主持一項

拍賣活動，結果總冠軍的黃尾禮服以 15,000 人民幣成交，得標的金額全數捐給慈善機構。

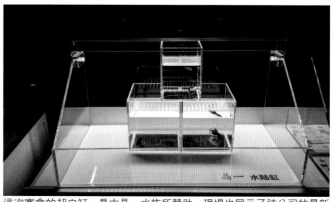

這次賽會的超白缸，是由晶一水族所贊助，現場也展示了該公司的最新產品

　　頒獎典禮在約下午五時結束，大會再次宴請所有贊助商、評審和工作人員，並於晚宴上頒發紀念杯給贊助商和評審。第十七屆世界魚孔雀魚大賽，在一片歡愉的氣氛下圓滿的結束了！

　　總結這一次的比賽，主辦單位的排場是筆者近幾年來參加世界各地的比賽中前所未見的。無論是硬體設備，還是計分的軟體，還有訓練有素的工作人員，都讓人看到主辦單位的用心。若比賽魚缸背後能夠貼上深色的貼紙，那比賽就會更完美，因為許多素色或有紋路的魚種，沒辦法在裸缸中把自己最亮麗的色彩展現出來。無論如何，這是一場讓孔雀魚玩家驚艷和嘩然的盛會。2015 年，美國佛羅里達再相會！

得獎名單

World Champion 總冠軍：姚瑞瑋 Taiwan

組別	冠軍		亞軍		季軍	
Class 1　Fantail 扇尾	崔占華	China	崔學初	China	張乃新	China
Class 2a TriangLetail Snake Skin/Lace 三角尾蛇紋組	王歡	China	吳欽鴻	Taiwan	張乃新	China
Class 2b TriangLetail Mosaic 三角尾馬賽克組	Simeon Bonev	USA	鈴木將則	Japan	曾皇傑	Taiwan
Class 2c TriangLetail Grass 三角尾草尾組	Kim Tae Hoon	Korea	李文凱	Taiwan	Raymond Yeoh	Malaysia
Class 2d TriangLetail Tuxedo/Bi-Color 三角尾禮服組	姚瑞瑋	Taiwan	Goh Beng Yin	Malaysia	Kim Tae Hoon	Korea
Class 2e TriangLetail Red Delta 三角尾單色紅魚組	Kim Tae Hoon	Korea	張乃新	China	張乃新	China
Class 2f TriangLetail Blue Delta 三角尾單色藍魚組	張乃新	China	張鐵豐	USA	Kim Tae Hoon	Korea
Class 2g TriangLetail AOC 三角尾 (以上未包括的品系)	De De	Hongkong	Andrew Lim	Malaysia	姚瑞瑋	Taiwan
Class 3V　Eiltaill 紗尾	崔學初	China	崔占華	China		
Class 4　Flagtail 國旗尾	Joe Mason	USA	Joe Mason	USA	Andrew Lim	Malaysia
Class 5　Double Swordtail 雙劍	吳欽鴻	Taiwan	吳欽鴻	Taiwan	張乃新	China
Class 6　Top Swordtail 頂劍	Peter Eder	Austra	Gerhard Wagner	Austra	De De	Hongkong
Class 7　Bottom Swordtail 底劍	蔡可平	China	曾皇傑	Taiwan	Kim Tae Hoon	Korea
Class 8　Lyretail 琴尾	LOK Weng Kit	Singapore				
Class 9　Spadetail 鏟尾	Evie Tan	Malaysia	LOK Weng Kit	Singapore	Andrew Lim	Malaysia
Class 10　Speartail 矛尾	中村彰吾	Japan	蔡可平	China	蔡可平	China
Class 11　Roundtail 圓尾	Torsten Rickert	Germany	Bitz RR Chin	Philippines	曾皇傑	Taiwan
Class 12　Pintail 針尾	曾皇傑	Taiwan	周榮生	Taiwan		
Class 13　Crowntail 冠尾	羅新雄	China	王雨田	China	崔學初	China
Class 14　Halfmoontail 半月尾	黃純武	China	崔占華	China	崔占華	China
Class 15　Ribbon 緞帶 (不限尾形)	小杉一貴	Japan	Han Jun Seo	Korea	佐藤章弘	Japan
Class 16　Swallow 燕尾組 (不限尾形)	蔡勁	China	姚瑞瑋	Taiwan	鄭清惠	Taiwan

2014 世界盃 得獎魚精選

扇尾組冠軍

三角尾馬賽克組冠軍

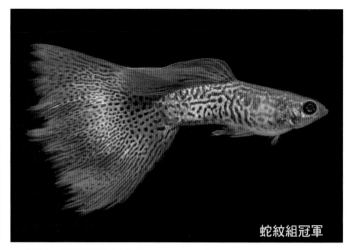

蛇紋組冠軍

紗尾組冠軍

AOC 三角尾組冠軍

三角尾草尾組冠軍

三角尾藍魚組冠軍

三角尾單色組冠軍

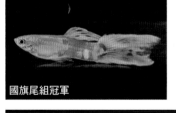

國旗尾組冠軍

鏟尾組冠軍

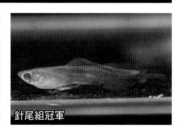

針尾組冠軍

矛尾組冠軍

雙劍組冠軍

底劍組冠軍

琴尾組冠軍

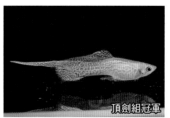

頂劍組冠軍

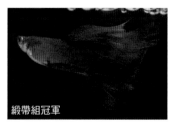

緞帶組冠軍

圓尾組冠軍

冠尾組冠軍

燕尾組冠軍

半月尾組冠軍

基隆第二十屆孔雀魚世界盃

文：尤兆旭

　　這是自 2005 第十屆孔雀魚世界盃於台灣台北科技大學舉辦以來，12 年後再次於台灣舉辦，相較於 12 年前，孔雀魚生態已有許多改變，讓我們從這 2 次的回顧與比較來看看這些年的孔雀魚風氣與走向。

就參展設備及比賽流程來說，大約有以下差異

1. 燈光

- 2005 時因是借台北科技大學中正紀念館舉辦，採自然光與原本天花板吊燈，燈光稍嫌不足，評比中因光線問題臨時加裝雙管燈光照明來評審，也一一將各組魚隻搬至燈光較亮處一字排開評分。

- 2017 就都採用近年的統一作法，在展示缸上架立 T5 燈管進行照明，唯一的缺點為水溫會上升，尤其是此次採用的展示箱為無蓋設計。但此次展示空間有冷氣設備，故影響也相對減少。

2. 展示缸

- 2005 時採用通用的寵物盒為展示缸，但部分寵物盒蓋有各種顏色如黃 / 紅 / 藍，有可能會產生魚的色差。近年已都改為白色或透明設計。

- 2017 採用玻璃缸展示，較有質感且有打氣設備，對於多天的展示魚隻較有維持效果，但因無蓋設計有些魚隻因緊迫關係因而跳缸為美中不足。

3. 背景

- 2005、2017 皆採用資深國際裁判李振楊先生建議，淺藍色系底板為底，色調較易顯現出來，若採用常用之黑色底板，歐美老裁判在評比深色魚系如莫斯科藍或藍尾禮服時稍嫌吃力。

4. 評分

- 2005 時採用紙本評比及人工計分
- 2017 採用智慧型手機 / 平板 APP 程式計分

世界總冠軍
黃尾禮服

亞洲區總 1st

白子素色紅色尾 1st

世界總 3rd

白子素色藍色尾 1st

5. 裁判

- 2005 時邀請 5 位國際裁判進行評比魚隻
- 2017 時邀請 15 位國際裁判進行評比魚隻

就參賽魚隻來說二屆參賽組數組別如下

1. 組別

- 2005 細分組有 19 組含大尾形 11 組及小尾形組 8 組（劍／琴／鑣／矛…）及 4 大區總冠（台港澳大陸／日本／美洲／歐洲）與全場總冠軍
- 2017 細分組有 29 組含大尾形 16 組及小尾形組 13 組（劍／琴／鑣／矛…）及 3 大區總冠（亞洲／美洲／歐洲）
- 世界總冠／亞／季軍

2. 組數

- 2005：7 個國家共 446 組
- 2017：22 個國家共 588 組（台灣地區限制一玩家限報三組比賽支援之孔雀魚社團例外）

賽後觀察

1. 參賽魚隻組別

單一品系以藍尾禮服白子為最熱門（綜合組除外，為其他未能歸類品系），報名組數最多有 50 多組，也顯示出近 5 年來比賽約有一半的總冠軍是藍尾禮服白子抱走的趨勢，再來為黃尾禮服／紋路組（蛇）／馬賽克／雙劍／草尾／等品系，都有 30-40 左右近年加入的新品系如冠尾／半月組數也很多，較為可惜的是 10 年前風行的傳統品系紅尾禮服因報名組數太少且部分失格最終只取 1 名冠軍。

2. 參賽魚隻國別

歐洲以特殊小尾形組（紗／琴／鑣／矛／八弦…）為主，次為尾巴單色三角尾型，參賽魚特色為遵守歐規之規矩版，尾形及背鰭的要求較為嚴格，色澤也佳，但體型皆都偏小，約只有台灣玩家的 4/5 左右，相形吃虧。

美洲以劍尾為主，次為尾巴單色三角尾型。劍尾參賽魚特色為體型粗壯，頂劍及底劍體型巨大且劍尾尾型及比例都能達到相關規定，所以成績名列前茅，三角尾部分多數魚隻體型不錯但未達 1:1 比例，且趴底比例居多，尾巴出血或缺角不少，故多數表現不佳。

日本參加組數極少，但以黃尾禮服在最後 29 組冠軍中脫穎而出獲得總冠軍。其身體與尾巴比例為要求之 1:1，泳姿與地平行且活力與張力十足，背鰭拖長與尾鰭同色，無常見之空洞透明色塊，也無尾端雜色表現，尾鰭整面色度飽滿雪白不透光，尾柄端近於無黃色色塊，尾型正三角且三邊皆為直線，角型完整且銳利，整片尾鰭皆無皺褶或損傷，體型勻稱且乾淨無其他色塊，皆為其關鍵原因。

台灣因是地主國參加組數最多，成績也最好。因台灣的孔雀魚水準在近 10 年早已躍居世界前茅，故在大型比賽中的得獎已是常態，此次世界盃也不例外，囊括超過一半的獎項以。禮服三組／單色二組／馬賽克／白子四組成績最亮眼，其特色為體型大狀態佳，多數都能在評比時位於中上層，尾型完整且色度飽滿均勻無色塊色斑。

其他亞洲區國家則以紋路及單色系居多，紋路組（蛇）／金屬蛇紋／單色（莫斯科藍居多，在多數東南亞國家莫斯科藍為獨立組別）參賽者為多，體型巨大為其特色，但尾型多為大扇型且角度過大較難獲得歐美裁判青睞（歐美標準約為 75 度左右），泳姿為朝天型也是歐美裁判無法高分的主因之一。

3. 區域差異及裁判觀點

各國比賽有其不一樣的規定及偏好，評比的重點也不一，大致歸類如下，有志參加朋友應先了解各區域比賽規定細節。

歐洲國家重視整體規定，舉凡背鰭／比例／角度甚至體型都有規範，有歐規專用評分卡／尺參考，細分類也多，某些組別甚至有分黃化（Blond）及野生（Grey）組別，亞洲所追求的大體型有可能在此為扣分項目，在歐洲地區無幼魚及亞成魚組，緞帶及燕尾及其他新興品系則是在近年才加入組別。在歐洲地區及美國大多以國家／俱樂部為輪流舉辦單位。

美洲國家大多遵循美國 IFGA 比賽規則，對於背鰭／比例／角度體型也有規範。有 IFGA 專書規範比賽規則，比賽多採單公／雙公／五公／單母等組別，公母不放同一組別評比。在美國也無幼魚及亞成魚組，緞帶及燕尾及其他新興品系會被歸入綜合組評比，但有多組新手組別供新

加入的成員比賽。特別一提的是裁判培養有一定的規範，必須先加入 IFGA 成為會員後，於一定時間循序變成比賽觀察員／助理裁判，最後才能變為正式裁判。對魚的背鰭／尾鰭要求較高，尤其是亞州區偏好的大背／帆背或是扇尾／圓尾都有可能扣分，大體型在此區也是追求重點，整體表現往往大過細小瑕疵，如在亞洲區若有尾巴出血或缺角往往不會入圍評選，但在美國若整體表現不錯即使有上述瑕疵仍有機會得名！

日本應是現行比賽制度中不分組別的唯一國家，所有魚隻都放在一起評比，比賽成績就依高低分數排名下來。

總結來說，2017 世界盃在世界盃主席李振陽先生以及台灣 2 大俱樂部 TGA/TGPA 及其他各孔雀魚同好的幫忙下，擁有不錯的成績並達到國際同好交流的目的，期待下一次在台灣的孔雀魚盛會。

紅尾禮服 1nd

紅單色 2nd

緞帶 2nd

黃尾禮服 2nd

緞帶 3rd

白子素色藍色尾 3nd

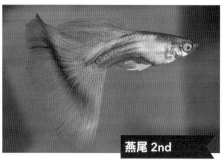

燕尾 2nd

燕尾 1sd

燕尾 3rd

白子綜合 1nd

白子綜合 3nd

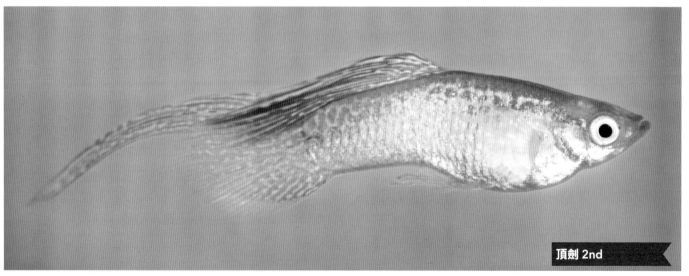

頂劍 2nd

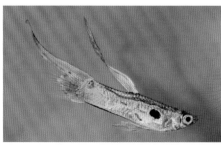

冠尾 2nd

冠尾 3rd

冠尾 1st

雙劍 3rd

底劍 2nd

半月 2nd

半月 3rd

半月 1st

針尾 2nd

針尾 3rd

針尾 1st

矛尾 1st

矛尾 2nd

矛尾 3rd

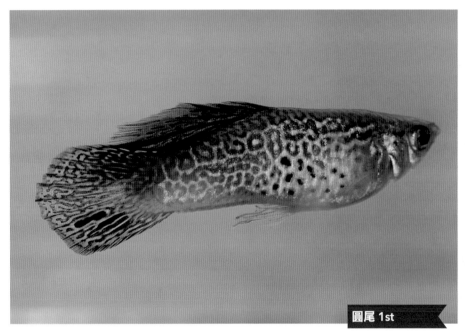

紋路 3rd　白子花紋 1st

圓尾 2nd

圓尾 1st　圓尾 3rd

八弦尾 2nd

綜合 2nd

八弦尾 1st

紋路 1st

紋路 3rd　白子花紋 1st

紗尾 1st

紗尾 2nd

草尾 2nd

旗尾 1st

旗尾 3rd

扇尾 1st

扇尾 2nd

鏟尾 1st

鏟尾 3rd

我看 2018 年 第 21 屆 巴西納塔爾 世界盃孔雀魚大賽

文 / 圖：李振陽（EDDIE LEE）

不管時代進步多快，攝影技術有多麼精湛，從照片上看著魚，都是一比一，同小女生愛玩的美顏模式，熱帶魚也能透過 P 圖技巧，讓人驚為天魚！造成一堆人在家吹牛，騙死人不償命也不要錢！！可能老祖宗們早就預料到未來的變化，也或許這些老祖宗真是從任意門過來的，活體的魚只有透過現場比賽，觀察其泳姿、活動力、實體比例大小，才能達到真正的選美效果，也就是這樣，愛好孔雀魚的人們，每一年都會有著一次世界性的大趕集—世界孔雀魚大會。

我們在 2016 年維也納大賽時，參加的評審們一致決定，每一年的主辦洲，依順時針方向（歐洲→亞洲→美洲）來舉辦一年一度的大賽，2018 年世界孔雀魚大賽就是因此決定在巴西納塔爾舉辦。這次受到主辦國邀請的大陸地區裁判是黃嶸（HUANG RONG），台灣地區是李振陽（EDDIE LEE），因為我們都是頭一次到南美洲，想趁這趟遠行，順道拜訪愛魚者的聖殿 - 亞馬遜河，所以吳三鈴也加入了這趟旅程。巴西的簽證不難辦（需有主辦單位邀請函、電子機票、存款證明及公司在職證明），辦理簽證的人也很親切有禮貌；另外，進入巴西時，海關會要求旅客出示黃皮書，黃熱病（YELLOW FEVER）疫苗施打證明，我們早在出發前 6 個月就做好功

納塔爾國際水族展舉辦處建築物

2018 年巴西世界盃架缸設置中

2018 年巴西世界盃會場售票處

2018 巴西世界孔雀魚大賽評分

2018 年世界盃孔雀魚比賽裁判會議

李振陽、巴西 MICHEL BRUNO、吳三鈴、黃嶸合影（由左至右）

課，也到大醫院的旅遊門診掛了號，也拿了防範瘧疾的奎寧抗生素膠囊，並且需要依照醫生指示的療程準時服用。

巴西的國土面積是全世界第 5 大（僅次於俄羅斯、加拿大、中國及美國），眾所週知的亞馬遜河流域，主要面積分布在巴西，它的流域面積至少有 550 萬平方公里，這樣說它到底有多大？光是亞馬遜河面積，就至少有 153 個台灣大！！巴西是個崇尚自然與自由的國家，對我們而言，它屬開發中國家，但我覺得應該是他們民族天性，樂天也尊重自然，所以才沒有刻意的去開發亞馬遜河，相對的，這國家對外來種的檢疫格外嚴格。因此，2018 年世界盃孔雀魚大賽，亞洲區的集魚，是透過泰國（因為巴西協助進口及檢疫的貿易商，藉由進口泰國熱帶魚時，順道將參賽魚一起空運到巴西），因此亞洲區的參賽魚早在 2018 年 8 月 25 日到 8 月 31 日這段期間，就已抵達泰國魚商處（台灣地區參賽 50 對，大陸地區參賽 50 對）。

納塔爾國際水族展茉莉參賽魚

納塔爾國際水族展茉莉參賽魚

國際水族展卵胎生茉莉比賽海報

納塔爾國際水族展茉莉參賽魚

納塔爾國際水族展 巴西原生魚介紹（巨骨舌魚，象魚 Arapaima gigas）

羅德力克（RODRIGO ZIVIANI）與大會美人魚合照　納塔爾國際水族展大會美人魚小姐與小孩合影

國際水族展七彩神仙比賽海報

　　此次主辦單位（納塔爾大學），利用國際水族展（INTERNATIONAL AQUARIUM FAIR），將一些小型熱帶魚比賽一次性地為巴西人展出，它有世界孔雀魚大賽，國際鬥魚協會的巴西地區賽（IBC）、卵胎生鱂魚展、七彩神仙展、龍魚展…算時間，自台灣魚友將參賽魚寄出到巴西，將近一個月的時間，中途又碰到泰國及巴西兩地水質及溫度不同，這些孔雀魚飛了半個地球，不要說它有沒有贏得獎項，光是看到它能在巴西納塔爾（NATAL）的展示缸中悠遊，不由得讓我佩服這些孔雀魚及幫它做特訓的愛魚者！我們也要謝謝納塔爾大學，他們請專門系所的學生，細心照顧及餵食這些遠來的參賽魚，也謝謝他們提供了實驗室空間，以方便海關檢疫所官員進行檢疫。

　　我們一行人找了經濟實惠的阿聯酋航班（EMIRATES AIRLINE），9 月 17 日深夜自桃園機場出發，與黃嶸約定好在第一個轉機點杜拜（DUBAI）碰面，自台灣出發，透過杜拜及聖保羅轉機，一直到納塔爾（NATAL）酒店時，已是當地時間凌晨 3 點，我們花了快 40 小時在航程及移動上面，自出發時的興奮心情，一直到抵達後的疲憊（鬍子都長出來了！），稍作休息後，我們早上就享用了納塔爾 5 星級酒店的自助早餐，這個座落在大西洋海岸旁，伴隨海風及沙灘的酒店，它有著我第一次吃到的新鮮腰果漿果，多汁、清甜又不膩的口感，又帶著淡淡清香，因為漿果不耐輸送，所以它多在產地附近才會供應。一大早就與羅德力克（RODRIGO ZIVIANI）碰面，他亦推薦我們點用巴西款的煎餅，以大量椰漿椰粉為主料，佐以香蕉泥或火腿絲及蛋，它可甜可鹹，現場可依你口味喜愛而訂製，最後淋上煉乳、巧克力醬或蕃茄醬來食用，它與熱的巴西咖啡搭配更是一絕，聞名的巴西咖啡，不是重烘焙的口味，但咖啡入喉後會有回甘口感，帶著淡淡果香，崇尚自然的巴西人更不會喝冰咖啡，自助早餐吧上有各色飲料，就是沒有冰咖啡，一般商店中也是如此，反倒冰的瓜拿納汽水充斥著各地商店，清新的口感，這種巴西特產的水果製成的氣泡飲料，佔有率比一般可樂或汽水高許多！

納塔爾時間 9 月 19 日下午，我們一行人便先到比賽會場去檢查魚隻狀況及佈置情形，會場是離酒店不遠的小山頭上，納塔爾因為是緊臨著大西洋，它是個觀光勝地，擁有大量的陽光、海風、沙灘及沙丘！羅德力克（RODRIGO ZIVIANI）用 UBER 叫了車子，不到 5 分鐘車程就抵達會場。我們檢查了水源、光線及缸子設施後，約定好隔天（9 月 20 日）上午便開始評審。

這次評審有來自美國的張鐵豐（FRANK CHANG）、代表歐洲的賽門（SIMEON BONEV）、巴西的羅德力克（RODRIGO ZIVIANI）、大陸的黃嶸（HUANG RONG）及台灣的李振陽（EDDIE LEE），我們在評審前先討論 2019 的歐洲主辦國家，參加主辦競選的有波蘭（華沙）及保加利亞（索非亞），皆準備有申請表格及城市簡報資訊，現場評審投票後決定由保加利亞索非亞市舉辦 2019 年世界孔雀魚大賽（時間是在 2019 年 9 月）！接著，我們選出了新的世界孔雀魚協會主席，由美國張鐵豐（FRANK CHANG）擔任，副主席是巴西的羅德力克（RODRIGO ZIVIANI），大家一致性鼓掌同意通過。

2018 年巴西世界盃孔雀魚大賽，參賽組數約有 280 組左右，主辦單位 -- 巴西孔雀魚俱樂部（CCG），想到亞洲遠地參賽，勢必舟車勞頓，又因體型較大且巴西檢疫法規嚴格，早在先前公告的比賽規則中提出，只要公魚

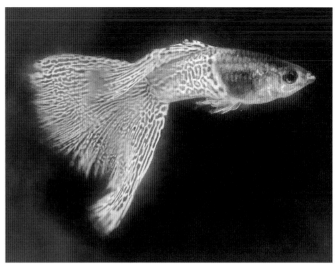

蛇紋三角尾冠軍 ALEX LEITE

新鮮多汁的腰果漿果

納塔爾評分後的巴西窯烤晚餐

巴西窯烤晚餐

仍健康活著，不管是否有
破尾，即使沒有母魚，仍
不影響參賽及評分資格。
我們採用 2 段式評分，第
一段是每位評審在每個組
別中，先找出心目中最好
的前 3 名；第二階段的
電子評分，採用巴西魚友
MARIO 所撰寫的程式，利
用手機或 IPAD 平板電腦
來針對所有複選魚隻（第
一階段篩選後），進行每
組魚的細節評分，每次到
了這階段，總是我最怕的
時刻，用力過度的眼睛，
長時間站立的僵直身體…
經過漫長的評分後，賽門
的紅孔雀白子（三角尾）
得到了總冠軍！！台灣及

奔馳在納塔爾沙灘的沙灘車

納塔爾沙灘

納塔爾沙灘一角

納塔爾沙灘一角

大陸的魚友也得了不少獎項,讓我們賀喜這些高手及參賽魚,它們飛了半個地球,在外流浪了快 1 個月的時間,還能得到獎,真是太強大了!!

　　國際觀賞魚展開放參觀時,來了許多遊客,現場人潮不斷,納塔爾是個旅遊勝地,氣溫也很熱情,空氣溫度也有攝氏 30 多度,濕度沒有台灣高,所以還覺得乾燥舒服。我很榮幸能在比利時的 Basleer 博士演講之後進行台灣魚室的介紹演講,我透過視頻,把台灣的魚室介紹給巴

西愛魚者,演講後也有與現場魚友進行短暫 Q&A,讓他們更容易了解到台灣使用快排的觀念,是不想浪費在換水時間,寧願多花時間在選拔魚隻及淘汰魚隻上面!!

　　在納塔爾的時間過得很快,我們與巴西的孔雀魚愛好者暢談孔雀魚改良及養魚的方式,一起吃了巴西有名的窯烤,搭沙灘車暢玩納塔爾有名的沙丘群,終於還是得離開這渡假勝地,我們一行人就準備飛往亞馬遜河的心臟城市 - 瑪瑙斯(MANAUS),進行下一個雨林探險。

金屬藍蕾絲短尾

玩家專訪

德國紐倫堡玩家專訪

文／圖：林安鐸（Andrew Lim）

　　孔雀魚在歐洲的發展已經有超過 60 年的歷史，一甲子的時間，醞釀出了無數的孔雀魚精英玩家，而這些玩家，主要集中在德國。德國目前有 10 個孔雀魚團體，是世界上最多孔雀魚團體的國家。每年都會有超過 4 場的比賽在德國舉行。2013 年筆者趁著去英國當評審之便，順道去德國拜訪一些孔雀魚玩家。

　　從英國斯坦德機場，我們搭乘廉價航空直飛到捷克共和國首都布拉格。因為飛機在晚上 9 點半才抵達布拉格，原定計劃是休息一晚後，再坐客運到德國紐倫堡。可是不得一提的是，當我們放下行李，準備外出去用餐的時候，發現布拉格根本就是一片磁鐵，美得像一幅畫一樣，不止建築物漂亮，連景色和路人都非常賞心悅目，我們沒辦法

安心坐下來好好吃一頓飯，都被美景所吸引住了。於是就隨便買了個三明治，三兩口就吃完，然後就一直在布拉格市區裏拍照溜達。一直到午夜三點，我們才拖著疲憊的身子回到飯店休息。布拉格寧靜的夜晚，確實是每一個轉角都有驚喜！雖然累，可是卻不虛此行！

　　第二天吃了午飯，我們就搭長途客運前往德國紐倫堡，捷克共和國於 2004 年 5 月 1 加入歐盟，不過還沒有加入歐元區，所以捷克不用歐元而是使用自己的貨幣。但是到鄰近的周邊國如德國和奧地利則不需要過海關蓋護照。雙層的巴士裏附有廁所和小酒吧，並有販賣餐飲。兩個多小時的車程，很快的就到了。到了紐倫堡車站，Hermann 夫婦已經在等待多時，今晚紐倫堡，我們要在

Hermann 家裏留宿。Hermann 先帶我們去一家中餐館吃麵，味道普通，不過能夠在異鄉流浪了那麼多天，吃到熟悉的味道還是會倍覺感動。吃完飯後 Hermann 先帶我們參觀 Thomas 的魚室，Thomas 是一位水電技師，住在紐倫堡市區，約 25 坪的住家，整理得非常乾淨，可我們左看右看，只能在他的客廳裏看到一個三尺的海水缸，孔雀魚就一條都沒有看到。正當我們在納悶之餘，Thomas 才說原來魚室是在地下室。住在透天厝有地下室可不是新鮮事，可是 Thomas 是住在 4 樓的公寓，哪來的地下室阿？原來當水電工的 Thomas 也要同時維修這棟公寓的電房，電房隔壁有個小房間，Thomas 就跟管理層租了下來養魚，這樣回到家，就可以享受天倫之樂，老婆也不會碎碎念，真是一舉兩得。

Thomas Reiß 湯姆斯 · 賴斯，今年 51 歲，來自德國巴伐利亞的紐倫堡。巴伐利亞的文化與德國其他邦，尤其與北方不同，主要為宗教信仰（天主教為主）和語言（三大方言）差異。巴伐利亞為德國乃至歐洲的一強勁經濟體，許多德國企業總部均位於巴伐利亞境內，諸如 BMW、Audi、Siemens、Infineon、PUMA、adidas 等。

湯姆斯攝於地下室的魚室

我們驅車前往湯姆斯的住家，湯姆斯是一位電子工程師，目前在一家大型的印刷廠任職。他住在一棟約 6 層樓高的公寓。在 2003 年初認識赫爾曼之後才開始養純品系的孔雀魚，之前也飼養過七彩神仙和海水魚。2003 年 11 月，湯姆斯覺得時機成熟了，於是便成立了 DGD "Die Guppyfreunde Deutschlands" 孔雀魚俱樂部。這個俱樂部的名稱直接從德文翻譯成中文

的話，就是 "德國孔雀魚麻吉同盟" 的意思，巴伐利亞人的個性就是如此，他們以魚會友，以誠待人，每個月都會固定舉辦聚餐和交誼會，更會在每年都舉辦一場比賽，讓魚友在比賽中，知道自己過去一年養的魚能否得到評審的青睞。除此之外，湯姆斯還是德國雜誌 "The Guppy Report" 的編輯，曾經寫了不少關於孔雀魚的文章。十多年來，湯姆斯也在各個歐洲賽場拿下了不少的獎盃。

一開始接觸孔雀魚的時候，由於家裏的空間有限，他只能在浴室安置幾個小盆子來飼養，後來他覺得若要把孔雀魚養好，就必須砸下一筆錢來提升硬體設備，於是他向公寓管理處租下了公寓地下室電箱房旁的一間小房間來當成自己的魚室。約 3 坪的魚

除了愛養魚，湯姆斯也是一位威斯忌收藏家，櫃子裏收藏了不少陳年好酒！

湯姆斯這幾年來獲得的獎盃

魚室雖小，不過每一缸都會用貼紙貼上品系名稱和出生日期

三角尾藍草尾

Pandaguppy

Pandaguppy 1

2019 年初於自家客廳再擴 16 缸

黃金眼鏡蛇雷龍，能夠和主人互動的黃金眼鏡蛇雷龍是湯姆斯飼養了 4 年的愛寵

室目前有 36 缸。2019 年初，地下室的缸子已經不能負荷湯姆斯的繁殖計劃，於是他又在自家客廳再擴了 16 缸。目前飼養的品系有霓虹雙劍、熊貓圓尾、白子黃尾禮服、白子金屬紅蕾絲小圓尾和藍草尾。目前正在積極的改金屬藍蕾絲三角尾，他希望可以把這些亞洲比較流行的品系，改成符合 IKGH 標準的體型和背鰭。

湯姆斯的繁殖計劃一律採用 2 隻公魚和多隻母魚，幼魚接近 2 個月大的時候就會公母分缸，約 3 個月大的時候，會每個月做一次篩選的動作，把淘汰魚再移到另一缸。5 個月大的魚才會拿來交配和繁殖。

除了孔雀魚，湯姆斯的客廳還有一個 450 公升的水草缸，裏面住了一對來自印度的黃金眼鏡蛇雷龍（*Channa aurantimaculata*）。這對黃金眼鏡蛇雷龍目前已經四歲，雌性的更達到了 38 公分的長度，湯姆斯一直嘗試想要繁殖這對雷龍，不過目前還沒有成功。但是這不是重點，重點是這對雷龍能夠熟知主人的餵食時間和習慣，他們會在缸子旁隨著主人的手臂來回轉動和徘徊，這樣的互動是一日勞累之後的慰藉。

這魚室不算很大，大約是比一般的浴室大一點點而已，可是卻規劃得很好，Thomas 主要是專注在黃尾禮服和短尾類，也有一、兩缸的底劍。由於魚室是在地下室，冬天的溫度會非常的低，Thomas 特地安裝了完善的加溫系統，好讓魚兒在冬天的時候不會那麼容易生病，他要進去換水餵食的時候，也不必套著厚厚的羽絨外套。Thomas 主要是以豐年蝦無節幼蟲餵食幼魚，一天兩次，周末和假日沒有上班的時候，會增加餵食量到每天 3-4 次。由於 Thomas 要趕著上夜班，我們在一陣寒暄過後，匆匆結束了這次的探訪。

赫爾曼的魚室管理是許多玩家的典範

　　過後，我們就帶距離紐倫堡市區約 20 分鐘的 Hermann 住家，Hermann 是住在一個小鄉鎮，人口不多，車流量當然也少。Hermann 就是因為喜歡這種平靜的生活，而選擇在這裡定居。原籍奧地利的 Hermann，目前和第二任妻子在這漂亮的小屋內生活，孩子們都長大了，在別的城鎮打拼，他也每天清晨 4 點就起來跟孔雀魚打拼。Hermann 的透天厝，有一個大花園，4 個睡房和一個約 20 坪的地下室。Hermann 把地下室改成兩個大房和一個小房，兩個大房就是他的魚室，小的房間則做為倉庫。

　　赫爾曼的魚室設在地下室，分成左和右兩邊兩個房間。左邊的房間主要是種魚育成區和比賽魚飼養區。而右邊的房間則是幼魚和亞成魚的育成區，更是新購入孔雀魚

2018 年 5 月，赫爾曼第三次接待筆者，並在魚室與來訪的廣東水族協會孔雀魚分會會長黃嶸和新加坡駱先生合影

自製收取豐年蝦無節幼蟲的設備

自製收取豐年蝦無節幼蟲的設備

赫爾曼的每一個缸子也都會註明缸號和魚的出處

魚室的魚缸架子只分上下兩層，以方便他篩選魚隻和餵食

赫爾曼的魚室整齊有序，也很乾淨，這都是他每日 5 個小時在魚室勞動的成果

的隔離區和出貨區。兩個房間中間則是一個洗手盆，也是他每天收取豐年蝦無節幼蟲的地方。

　　目前 Hermann 約有接近 200 缸，在歐洲算是最受人尊敬的玩家和裁判之一。令我感到自在的是，Hermann 的魚室非常的乾淨，當我們第一步踏進去的時候，地上沒有一滴水，天花板也沒有蜘蛛網，更不會看到任何骯髒的物品。每一缸都有一個網子，每一缸都有標明魚的出處。

參觀過了歐洲 5 個國家的玩家的魚室，Hermann 的管理方式算是比較傾向亞洲魚室的管理方式，半自動的換水系統，還有自動照明系統。即便是豐年蝦孵化桶，也有特別的照明，好讓剛孵化出來的無節幼蟲可以聚集在出口，方便收集。隔壁比較小的魚室，是 Hermann 的隔離和檢疫室，所有剛買回來的魚，都必須要在這房間住上幾天，確保沒有病害之後，才會移到大缸子裏去。Hermann 也是少數不間斷的創造新品系的玩家，目前他的魚室裏已經有

赫爾曼攝於 2014 年台北第一屆世界孔雀魚競美大賽

赫爾曼於 2015 年維也納世界盃時主持年會會議

兩種市面上還沒有出現過的新品系，不過由於穩定度還不高，我們應該還要等多一、兩年才會看到他的新作品。

60 出頭的 Hermann 雖然已經到了退休年齡，不過他還是每天都到自己的公司上班，當然，花在孔雀魚身上的時間也不少。我們在他身上看到了那份對孔雀魚鍥而不捨的精神，他也完全沒有私心的教導後輩如何改魚，這是我這趟歐洲行最大的收穫。

更希望亞洲的玩家，可以大方的教導或公開改魚的秘訣，好讓孔雀魚的發展，可以達到百花齊放的境界！

赫爾曼於 2014 年攝於台北捷運

Jens Bergner and Heike Bergner

Jens 和 Heike 兩夫妻可說是孔雀魚界的佳話，兩人居住在紐倫堡市郊的一座獨棟別墅，住家的後院差不多比一個籃球場還要大。與世無爭的兩夫妻和兩條狗，加上後花園的雞鴨和一個孔雀魚養殖場，過著與世無爭的快樂時光！

1991 年，Jens 在一家水族館買了三個水族箱，並購入了一些全紅和禮服孔雀魚。這是他第一次接觸純品系孔雀魚。三年後，他在參觀一家水族店家的時候遇到了赫爾曼先生，這偶遇造就了他日後孔雀魚養殖之路更平步青雲。同年秋天，他從奧地利孔雀魚前輩 Herbert Brosenbauer 哪得到了他的第一對純品系孔雀魚全紅白子，並在 1995 年初試啼聲把這魚的 F1 送去參加紐倫堡孔雀魚世界盃。

2018 年 5 月，亞洲代表團於 Jens 的魚室合影

Jens 和 Heike 的住家，左邊的獨棟房子就是他們的魚室

龐大的後花園，住了一群每日為他們下蛋的雞鴨

Jens Bergner 的魚室

Jens 和 Heike 兩夫妻的部分得獎紀錄

1996 年，Jens 在辦公室內蓋了一座木製的系統缸，並且擁有 30 個魚缸，這時候，他依然是只養禮服和全紅。1998 年世界盃在美國 Milwaukee 舉行，害怕坐飛機的 Jens 當年鼓起勇氣飛到美國，希望可以從美國玩家身上得到一些在歐洲比較少見的品系。這一趟旅程確實不虛此行，在和 IFGA 前會長 Jim Alderson 一起喝完一瓶威士忌酒之後，他終於如願以償得到了美系的禮服和全紅白子。

1999 年，Jens 把魚室從辦公室搬遷到住家的地下室，並從 30 缸擴到 100 缸。這時候他終於有多餘的空間來飼養禮服和全紅白子以外的其他品系。

在接下來的幾年裡，他曾多次獲得歐洲冠軍、德國冠軍、俱樂部冠軍，並贏得了 2002 年世界盃冠軍。

2013 年，他蓋了一座帶獨立大廳的新房子。並特地把魚室從地下室遷到一樓。這時候他的魚室在歐洲玩家來說已經是頗具規模。這時候妻子 Heike 也加入一起飼養和打理這間頗大的魚室。目前的魚室占地約 30 坪，擁有 150 個分成 20、60 和 80 公升的水族箱。所有缸子都是裸缸，並擁有一個中央過濾系統存入養水池，再每日以人力換水 2 次。

Jens 和 Heike 是少數自己繁殖水蚤為孔雀魚主食的玩家，當然，每日投餵乾飼料和豐年蝦無節幼蟲也是不可或缺的事情。投餵活餌和每日換水的回報就是他們家的魚都非常粗大，也造就了這兩夫妻日後在歐洲比賽賽場常常成為常勝軍。

目前 Jens 和 Heike 夫婦飼養了以下這些品系：

- 三角尾紅 / 白 / 黃 / 藍禮服
- 莫斯科藍 / 綠
- 金屬紅蕾絲
- 日本藍紅尾
- 霓虹雙劍
- 金屬黃雙劍
- 黃蕾絲頂劍
- 黃化維也納底劍
- 金屬紅 / 黃蕾絲小圓尾

▲▶ 每一次到訪，好客的 Jens 都會熱情的以烤肉招待

玩家專訪

匈牙利玩家專訪

文／圖：林安鐸（Andrew Lim）

　　2016 年筆者趁著去奧地利維也納孔雀魚世界盃當評審之便，於賽事結束後拜訪一些東歐的孔雀魚魚友，其中一站就是匈牙利的 Krisztián Medveczki。筆者與曾皇傑兩人乘坐夜班的高鐵，從維也納車站出發，歷經三個小時，終於在午夜之前抵達布達佩斯車站。Krisztián 與友人已經在車站等候多時，接到我們之後，熱情的東歐大叔驅車送我們到下榻的飯店。由於已經接近凌晨一點，我們在一番寒暄之後約定第二天傍晚到 Krisztián 的家裏用餐並參觀他的魚室。

　　第二天在布達佩斯市區溜達了半天之後，Krisztián 在下午 4 點派人來接我們。我們要開往市郊的方向，到一個叫做 Vácegres 的小村莊，這個小村莊的面積只有約 14 平方公里，不過卻風景宜人，富有濃濃的人情味。我們到了 Krisztián 的家門口，主人故作玄虛的先不讓我們參觀魚室，而是先品嘗一杯道地的匈牙利版的迎賓酒 Pálinka。Pálinka 是匈牙利主人招待貴賓的特釀果子口味的白蘭地，酒精濃度高達百分之五十以上。據說，匈牙利人對這酒的喝法，是有莫名的堅持與潛歸則的，用冰鎮過的 shot 杯裝，一口乾！而且是要在入門後、餐前喝。一口乾了兩杯之後，主人才帶我們到他家

的後花園去參觀，踏入他所謂的後花園，我們才發現這根本就是一個莊園嘛～不止佔地超過 100 坪，還養了豬、羊、雞、鴨、牛，還以為自己走進了農場。當我們覺得這樣的住宅是有點不可思議的時候，我們仿佛又走進了一個農果園，再往後走的當兒，就是濃密的水果和蔬菜，我們到訪的季節剛好是夏末，很多蔬果正在豐收中，葡萄、蘋果、番茄和各種不同的瓜果都是垂手可得。

住在距離匈牙利首都布達佩斯約 30 公里路程的 Krisztián Medveczki，今年 40 出頭。他是匈牙利孔雀魚俱樂部的重要成員之一。目前在家裏的地下室擁有一個非常整齊有序的魚室。

9 歲的時候，祖母送了他一個水族箱，從此與孔雀魚結下不解之緣。當然，這一個水族箱只是一切的開始。2013 年的一場國際賽中，Krisztián 深深的被賽場中波蘭玩家 Andrzej Konarzewski 和奧地利裔德國玩家 Hermann Ernst Magoschitz 所飼養的三角尾孔雀魚所深深吸引，這也是他投入純品系孔雀魚繁殖和飼養的開始。同年年底，他開始把地下室車庫的一部分地方騰出來，並蓋了一間屬於自己下班後放鬆養魚的地方。這魚室約有 8 坪，60 個半自動的系統缸，魚缸大小不一，不過整間魚室魚缸的存水量約有 5,000 公升。每年有約 5 個月的時間，當氣溫超過 20 度的時候，他則會在室外的池塘裏繁殖其它的卵胎生魚種如紅劍（*Xiphophorus helleri*）。

目前他最喜歡的品系是白子古老品系馬賽克。除此之外，他也鍾情於茅尾、雙劍，和其他紋路系的三角尾孔雀魚。目前他專注於改魚，並期盼把佛朗明哥圓舞者中的瑪姜塔基因 (Magenta) 導入他的茅尾品系和創造白子瑪姜塔緞帶。

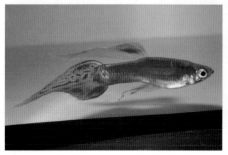

魚室管理方面，平日會花約兩小時在魚室，並每日餵食 2 次。剛出生的小魚會投餵豐年蝦無節幼蟲，2 個月以上的魚會投餵各種不同的飼料，周末和假日會花超過 4 個小時在魚室做篩選和淘汰的動作，並順便清洗缸子。

Krisztian 初次參加歐洲賽場的比賽就凱旋而歸，這無形中給了他莫大的鼓舞。第二次參賽是斯洛伐克歐洲積分賽，他的黃化維也納綠寶石底劍獲得了第二名。接著在 2018 年奧地利維也納的比賽中，他的茅尾一舉拿下了冠軍寶座。Krisztian 覺得目前 IKGH 的評分標准和歐洲各場賽事的規劃都非常的有水準，他希望未來可以看到更多的東歐年輕玩家投入飼養純品系孔雀魚的行列，並期待他未來的改魚計劃能夠順利創造出屬於他心中理想的魚！

比利時玩家專訪

Jan Hustinx

文 / 圖：林安鐸（Andrew Lim）

比利時玩家 Jan Hustinx（伊安），住在比利時和荷蘭的邊界，驅車十分鐘就能夠到荷蘭的加油站去加油或購物，由於地理環境特殊，伊安常常和住在荷蘭的玩家一起交流。

伊安今年 60 歲，是個剛退休的鋼鐵廠工人。年輕時就非常喜歡動物，尤其是鳥類。不過那時候因為種種因素，他無法在家裏蓋一座鳥屋，所以只好開始了自己的養魚路程。其實那時候比利時和荷蘭的純品系玩家也不多，他只能夠在附近的水族館買一些卵胎生魚類來開始自己的第一座水草缸。直到在 2004 年在網路上認識了也是住在比利時的 Eddy Vanvoorden，那時候也加入了比利時孔雀魚俱樂部成為會員，並在同時期獲得了自己的第一對純品孔雀魚。

第二年，他越陷越深，深深覺得一般的飼養方式是無法滿足他目前的飼養狀況，於是他在自家的車庫旁，把一個約 5 坪的儲藏室

參加孔雀魚比賽所得的獎盃

參加孔雀魚比賽所得的獎盃

改成魚室。後來發現，之前自己常常在客廳的沙發打發下班後的時間，現在則是越來越多的時間會花在魚室裏。孔雀魚的奧妙之處，只能夠在親身體驗之後，才能深深的去體會。這幾年來，他花了不少時間在精益求精，嘗試去了解每一個品系的基因庫。網路的發達也讓知識的攝取更加容易簡單，於是伊安開始改良自己的魚，致力於把自己的魚改成 IKGH 的比賽水準。2012 年，他和 Eddy Vanvoorden 覺得時機已經成熟了，於是在他住的小鎮（Lanaken）附近的一個公園，辦了一場 IKGH 的國際賽。他享受辦比賽和參加比賽的樂趣，因為可以借此機會認識

更多的魚友，也可以在這樣的場合和其他魚友交換魚種，彼此間的交流才是比賽的最大收穫。

目前伊安的魚室裏有 45 個魚缸，其中 37 個是來養孔雀魚。另外 8 個則是拿來繁殖異型。鍾情於禮服的伊安目前有 6 個品系，其中黃尾禮服是他的最愛。伊安的日常餵養是早午晚各一次，剛出生的幼魚會一日五次少量多餐的方式來投餌。豐年蝦無節幼蟲是主要的蛋白質來源，伊安也會投餵不同牌子，不同營養的乾飼料，讓自己的愛魚能夠從不同的管道得到均衡的營養來源。由於目前魚室還不是百分百的全自動系統，目前是每週換水約 20%，他並不排除以後會大規模的整頓魚室，並希望能夠提升硬體設備，讓養魚能夠更輕鬆簡單。

荷蘭玩家專訪 Michael Driesman

文／圖：林安鐸（Andrew Lim）

　　麥克接觸熱帶魚的時間頗早，他 8 歲的時候就擁有了自己的第一個魚缸，並從母親那得到了生平的第一隻孔雀魚。

　　2013 年，麥克真正開始認真飼養孔雀魚。他從兩個 120 公升的缸子開始，並從德國知名玩家 Jens Bergner 購得了一組的莫斯科綠純品系孔雀魚。他的孔雀魚之旅，就從這兩個種魚缸開始。

　　過後，麥克購入了自己的產業，成為自己家裏的主人使他任性的把家裏頂樓的地方改成自己的魚室。一開始是三座的系統缸，每一座有 12 個缸子，再接下來，他發現這 36 缸根本無法滿足他養孔雀魚的欲望，並很快的再添加到目前的 80 缸。

　　起初，麥克以為，只要把不同品系的孔雀魚分類好，不把它們養死就是成功了。後來，經過跟魚友的交流，還有不斷的參加比賽之後，他發現，要養好孔雀魚，其實並不是一件容易的事。於是，他開始研究孔雀魚的基因，嘗試創造自己心屬的品系，並更努力的工作來滿足自己的購買欲和提升自己的養魚設備。

　　目前麥克比較鍾情於劍尾和三角尾，魚室裏 80% 都是這兩種尾型的孔雀魚。麥克每日上班前會餵食乾飼料，下班之後會再餵食飼料，並在就寢之前餵食豐年蝦無節幼蟲，一日三餐。至於換水，由於沒有養水缸，麥克在每週日會換百分之三十的水，幼魚和篩選出來要比賽的種魚會每週換水 2 次，每次百分之五十。

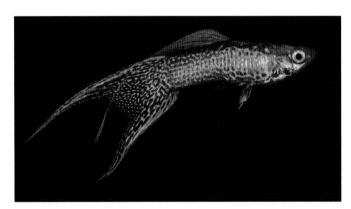

Michael Driesman 從 Eddy Vanvorrden 手中接過洲際杯孔雀魚挑戰賽的獎盃

Michael Driesman 的魚室

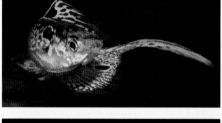

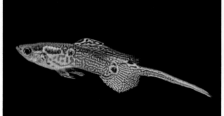

　　2017 年，麥克第一次參加比賽，那是比利時的洲際盃孔雀魚挑戰賽，那時候他參賽的魚得到了 120 分的高分，不過這並無法為他奪下任何獎盃（歐洲賽事目前只對每組冠軍頒發獎盃）。不過這並不讓他氣餒，接下來的一年，他再接再厲，並在 2018 年的同樣賽事中，一舉奪下全場總冠軍的寶座。這是他目前養魚的最高成就。

玩家專訪

鍾興民

文：林安鐸（Andrew Lim）
圖：林安鐸（Andrew Lim）、蔣孝明、曾皇傑

　　他的音樂來自於生活，和日常週遭息息相關，輕易牽動你我的思緒，可以使人打從心底澎湃激昂，也能帶領情緒回歸祥和寧靜，從他的音樂裡，你可以找到你所需要的慰藉。

　　我們不應小覷台灣人的音樂能量，鍾興民老師多年累積的功力，早已超越許多國際知名的音樂家，從流行音樂跨界，甚至影響全亞洲的音樂文化，不僅帶動了流行趨勢、他前衛革新的眼光與作為，一直走在最前端引領著許多音樂人。

　　日本有阪本龍一、久石讓，台灣有 Baby 鍾興民，他將為音樂圈開啟全方位的音樂視野。

　　音樂，是鍾老師的生命，養魚，則是他生命的一部分！

鍾老師的系統缸，採用半裸缸，滴流的方式。上方為養水缸

4-5 年前，鍾老師在網路上無意間看到了純品系孔雀魚，覺得這繽紛色彩的熱帶魚煞是好看，於是便在網路上積極的尋找入門的孔雀魚種。

就因為這機緣巧合下，鍾老師在網路上認識了臺灣孔雀魚發展協會理事長曾皇傑先生，並在後者的協助下在自己的音樂工作室的一樓蓋了一座系統缸。民國 102 年 12 月 12 日，鍾老師開啟了他的孔雀魚養殖的路程，並在民國 104 年 1 月 21 日再度擴缸，目前有兩座系統缸，共計 30 個缸子。

鍾老師目前只有在養馬賽克品系的孔雀魚，專攻單一品系，並且是紋路細的孔雀魚，確實不簡單。不過鍾老師還是一直鍥而不捨的持續下去，並一直在創作新魚種。

鑒於平日要忙於創作和管理自己音樂工作室的工作，鍾老師都是在下午換水，並餵食豐年蝦無節幼蟲，飼料和中蝦，餵食完畢會再換一次水，並會一周清理一次缸子裏的石頭。

開始養魚之後，鍾老師也開始積極的參加比賽，希望藉著比賽能夠提升自己的養魚水平，也希望可以藉著比賽的動力，推動自己把魚養得更好。終於在民國 106 年的南港水族展的第十屆世界孔雀魚競美大賽中獲得馬賽克組的冠軍。

或許，有些音樂靈感，也是來自孔雀魚呢？

　　鍾老師在音樂上的造詣和成就，已經是台灣的驕傲，我們祝福並期待鍾老師在孔雀魚的道路上，也會百花齊放，更期待早日能夠看到鍾老師改的新品種，能夠在孔雀魚比賽的舞臺上綻放光芒！

【資歷】

- 曾任紅螞蟻合唱團鍵盤手，各大演唱會專任鍵盤手，五大唱片公司專聘製作人。

- 四度入圍新聞局所舉辦之金曲獎，且二度獲頒最佳編曲人獎，亦曾獲得內地相關音樂大獎。

- 其合作過知名歌手包括：周杰倫、蔡依林、SHE、張惠妹、張雨生、王菲、齊秦、張學友、萬芳、李玟、康康、梁靜茹、五月天、梁詠琪、費翔、陶晶瑩、莫文蔚、楊宗緯、王力宏、陳奕迅、陳小春、胡彥斌、羽泉、蔡健雅等。

- 現任「果核有限公司」總經理，仍持續從事流行音樂作曲、編曲及製作，至今已達十五年之久，不僅音樂形態跨界，事業領域橫跨兩岸，對於促進兩岸音樂交流不遺餘力。

【得獎 / 入圍記錄】

頒獎典禮	獎項	作品	結果
第十屆孔雀魚競美大賽	馬賽克組		冠軍
第 07 屆金曲獎	最佳編曲人獎	笨惰仙	提名
第 13 屆金曲獎	最佳編曲人獎	雙截棍	得獎
第 14 屆金曲獎	最佳編曲人獎	最後的戰役	提名
第 15 屆金曲獎	最佳編曲人獎	布拉格廣場	獲獎
第 19 屆金曲獎	最佳編曲人獎	青花瓷	提名
第 20 屆金曲獎	演奏類最佳作曲人獎	男孩與夏天	提名
	最佳編曲人獎	魔術先生	提名
	演奏類最佳專輯製作人獎	囧男孩電影原聲帶	提名
	演奏類最佳專輯獎	囧男孩電影原聲帶	獲獎
第 22 屆金曲獎	最佳專輯製作人獎	Glory Days 美好歲月	提名
第 23 屆金曲獎	演奏類最佳專輯製作人獎	被遺忘的時光	獲獎
	演奏類最佳作曲人獎	誰偷走了時間	獲獎
第 24 屆金曲獎	最佳專輯獎	鍾興民作品集─飲食男女 II 原聲帶	獲獎
	最佳專輯製作人獎	永恆。承諾	提名
	演奏類最佳專輯製作人獎	鍾興民作品集─飲食男女 II 原聲帶	提名
	演奏類最佳作曲人獎	武林秘笈	提名
	最佳編曲人獎	milihuwan 崇高的創造者	提名
第 29 屆金曲獎	演奏類最佳作曲人獎	紅樹林	獲獎
	演奏類最佳專輯獎	鍾興民作品集	提名
	演奏類最佳專輯製作人獎	鍾興民作品集	提名
	最佳演奏錄音專輯獎	鍾興民作品集	提名
金馬獎第 48 屆	最佳原創電影音樂獎	被遺忘的時光	提名

米卡利夫底劍

澳門玩家兩年的孔雀魚路

■原文：鄭匡祐　　■編輯：林安鐸（AndrewLim）

　　我叫鄭匡祐，現於澳門氹仔經營一間淘寶代收店及紫孔雀魚（澳門）工作室。

　　目前的魚室是在家裡，有 4 套系統缸，72 個缸子。飼養的孔雀魚品系有十多種：藍禮服白子、藍禮服白子緞帶體、黃禮服、全紅白子、莫斯科藍、莫斯科藍白子、紫草尾、紅草尾白子、黃蛇紋白子、古老系馬賽克、黃蕾絲矛尾、古老系馬賽克及維也納底劍。

　　回想起當初，是 2017 年中開始接觸孔雀魚。那時候對孔雀魚什麼都不懂，當時因餵養米蝦和水晶蝦，想豐富魚缸的中上層，就在珠海拱北的菜市場水族店家裡隨便買了幾條孔雀魚。結果一

藍禮白子冠尾

個月左右，它們就自己繁殖了一胎孔雀魚苗，這胎的魚苗
只有十條左右生存，不過也就是這胎魚苗的出生，令我對
孔雀魚產生了興趣，一發不可收拾。

那時我想認真學習關於孔雀魚的飼養，但網上的資訊
很大部份是關於孔雀魚的基因。而澳門當地更沒有孔雀魚
飼養者有，我就直接利用「閒魚」這個軟件，找尋在廣
東省售賣孔雀魚的商家，加他們微信好友，嘗試向他們學
習，也將魚缸發展至 11 個。那兩、三個月的時間，聽了
很多方法，也進了很多國內的孔雀魚群，特別是國內的孔
雀魚拍賣群。幾乎每個晚上，都會有至少一個拍賣群在拍
賣孔雀魚，價格由 10 至 200 人民幣不等。這時候，我發
現同品系的孔雀魚，價格可以相差幾十至過百元人民幣，
但大部份的拍賣群，都是拍賣較一般或淘汰的魚品，價格
都是白菜價，整個國內孔雀魚行業讓我覺得太泛濫了，一
個微信群 500 人里面，幾乎沒人了解孔雀魚。這時我才
真正的認知到，想真正養好孔雀魚，是需要更進一步認識
經常比賽，或裁判級別的孔雀魚玩家。

18 年初，或許是我個人比較主動的關系，我進了廣
東水協孔雀魚分會，才真正的進入了孔雀魚的大門。在這
段時間，認識了很多國內經常參賽的大神，不斷向他們請

黑木炭（莫斯科黑）

教，經常進魚來實戰，也同時組建了我第一個系統缸（15
格），由 11 個增加至 26 個。當然我自己在店做淘寶代
收的工作，工作一直也較空閒，所以魚缸也就放店里，那
時經常被客人誤會我在售賣孔雀魚。

在 2018 年 7 月份，我決定要增加多三套系統缸（72
格）。當然主要原因有兩點：(1) 因為我確定要認真參加

孔雀魚比賽，而目前的魚缸數量，不足夠繁殖大量的品系。(2) 工作的店面需要擴大，有更多的空間能放置系統缸，同時地也可以在店出售孔雀魚，並於澳門推廣孔雀魚。

2018 年初，我自己慢慢地在澳門推廣孔雀魚，至今，其實並沒有多少成效，大部份魚友都是處於想養活的階段。幸運的是，找到幾位知己魚友，一同分享孔雀魚的樂趣，及在同年 9 月份結伴去了長城盃，感受比賽現場的氣氛。

黃蛇紋矛尾

古老品系馬賽克

黃蕾絲小圓尾

　　最後，想簡單地介紹澳門的現狀。澳門是一個很特別的地方，主要行業是賭博及旅遊為主。觀賞魚行業發展很緩慢，在澳現存的觀賞魚店，不超過十間，主要原因是店鋪租金及人工薪酬太高，守業困難。在澳觀賞魚店是經營中大型野生魚，如異型、七彩，龍魚等，因為香港來貨方便。關於孔雀魚的販賣，就只有兩、三間觀賞魚店會有，品系都是常見的泰系魚種，比較單調；而店家對孔雀魚飼養也沒有基礎認知，普通認為是商品價值較低的魚種。

　　我期望未來能夠讓更多的澳門朋友認識孔雀魚的美，讓更多的朋友享受孔雀魚之樂！

藍禮白子

黃禮服白子
Albino Hb Yellow

迷上孔雀魚，終於孔雀魚 陳志雄

■圖、文：陳志雄　■林安鐸 Andrew Lim

記得小時候一放學就會去到附近的水族店，一到店裡就會立刻問老闆：「老闆今天有沒有新進的 Bikok 魚嗎？」Bikok 就是我小時後的地方話，意思就是孔雀魚，那時候每天早上醒來都會第一時間很期待地跑去我爸爸的魚缸看看沉木和水草裏有沒有剛出世的小孔雀魚，我深怕它們會被其他魚吃掉，所以都會準備好撈網把它們撈起來。

我從小就很喜歡養魚，我父親也是熱帶魚愛好者，我是間接的受我父親的熱誠影響而開始喜歡上飼養熱帶魚尤其是孔雀魚。

孔雀魚一直都是我最喜歡的熱帶魚魚種，就在我第一次遇到的純品系是在有一次一樣到了水族店問了那句話有沒有什麼新的真 Bikok 嗎？

蛇王白子
snake cobra albino

老闆當下馬上叫我去看那個白色的水桶，我不看還好，一看馬上就被那紅彤彤的體色所吸引，後來經老闆解說，才知道那是純品系的全紅白子，那時才知道有純品系孔雀魚的存在，而也在當下，我完完全全的被純品系孔雀魚扣住了魂魄，不能自己！

我在多年養魚的路上，兜兜轉轉了那麼多種類的熱帶魚，最後還是情迷於純品系的孔雀魚。從普通的幾個舊魚缸到 2 架的系統缸到現在 4 架系統缸，目前還在更新中，孔雀魚系統缸對於孔雀魚狂熱愛好者來說永遠都是不夠的，就算每天工作回來在魚室內擦魚缸、餵食，從晚上忙到凌晨也不會言累。

每每就在餵魚和坐下來欣賞魚的那瞬間，我都會覺得這一切都是值得的，因為孔雀魚那無窮的魅力和發掘不完的新品種會讓人越養越愛不釋手！

<< 挑戰改魚 / 馬賽克篇 >>

孔雀魚在那麼多的熱帶魚名單裡永遠都是屬於最流行的鑒賞魚之一。我是很喜愛所有的純品系孔雀魚，也希望能夠收集所有的純品系孔雀魚，但是我知道這只是天方夜譚的想法，所以我到後來就專注在紋路系的孔雀魚。

目前比較專愛馬賽克品系，馬賽克品系的明顯特徵就在於它的粗壯的腰間有著明顯深藍色的馬賽克斑和那紋路明顯的大尾巴。馬賽克身體與顏色猶如西式教堂裡太陽照射在那古老的壁上的色彩亮麗的玻璃裝飾品的反射光。最優良最美的馬賽克基本要求背鰭越寬大越好，還有好壞在於尾鰭紋路要鮮明和背鰭紋路色彩和尾巴一致。以上的特徵都是我目前最難的挑戰。

目前我在改良紅馬賽克和藍馬賽克的藍色紋路和大背鰭。我還特地從台灣引進了緞帶基因的孔雀魚來改善大背鰭和尾鰭的紋路色彩的一致，希望改良出屬於自己的心目中的完美馬賽克。

陳志雄

在大馬，目前藍馬賽克孔雀魚鑒賞程度正在漸漸的廣受歡迎，不輸德系的禮服品系。接下來同時進行的有新品系和基因的維持，蛇紋藍馬賽克緞帶和穩定度高的莫斯科綠緞帶。成功的新品系案例有蛇紋馬賽克（穩定的背鰭紋路）、銀河紅尾（大紅背紅尾），是我的得意之作！從自己沒有的品系改出屬於自己的作品，就是這個動力讓我能夠在繼續探索孔雀魚世界的魅力和可能性！

紅尾白子

白金白子

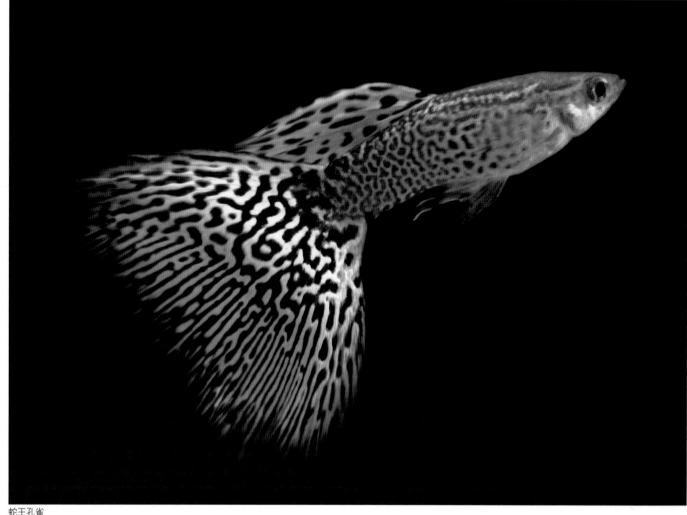

蛇王孔雀
snake cobra

現在維持著的品系有莫斯科綠緞帶、血紅白子、蛇紋紅尾、銀河馬賽克和黃化白金雙劍等等，最特別的是米卡利夫小圓尾（註明：這特別的品系是要感謝大馬孔雀魚俱樂部和世界級孔雀魚評審 Andrew Lim 幫忙引進的親自的送到我手裡，很感謝他在飼養孔雀魚的路上幫助了我很多，也感謝他對大馬的孔雀魚界的付出。）也希望能夠帶給更多的人認識馬來西亞的孔雀魚。

<< 百萬魚的遺憾 >>

孔雀魚還有個很威風的稱號 -- 百萬魚，由於繁殖能力很強，視乎周圍環境允許下每 25~30 天都會生小魚，每胎從 15~100 隻小魚不等，一對很優良的種魚不是你儘量繁殖就會得到越多的優秀子代魚，如果飼養者的功力不夠，經驗欠缺，不懂得維持的話就會慢慢的弱化。

莫斯科黑
moscow black

亮藍禮服
light blue tuxedo

黃禮服白子
Albino Hb Yellow

全紅白子燕尾
albino full red Swallowtail

最後悲劇發生了太多淘汰孔雀魚了，我見過的案例就是把活生生的孔雀魚整桶的（最少有百多隻）的小生命倒在馬桶裡。我希望飼養者可以把淘汰魚另外挑起來，販售給水族館當一般的魚在賣，或者可以放生在溝渠、小溪或河流，以控制子子的生長，免得百萬魚就被這樣糟蹋了。

飼養孔雀魚是一門用無止境的功課，我相信活到老，學到老，所以我會繼續的努力培養出獨一無二的孔雀魚，讓孔雀魚的繽紛色彩得以永續的防光發亮！

Tuan Norul Amri 的魚室排列整齊乾淨

Tuan Norul Amri

文：林安鐸 Andrew Lim　　圖：陳康桐

　　我第一次接觸孔雀魚是在 1994 年，當年還是個國中生，經濟能力也不允許我買等級太好的魚。不過孔雀魚對我的誘惑是前所未有的強烈，我深知道這小小的魚帶有無法預測的基因庫，我能夠在有限的知識創造無限的創作靈感是我對孔雀魚深深著迷的原因。

　　多年過去了，一直促使我成為一名孔雀魚玩家的原因是因為興趣和不斷的自我挑戰。身為一名教師，在過去數年我都無法花太多時間在培育孔雀魚。直到 2 年前我才有時間花了一點時間和金錢來整理出一間屬於自己和魚兒小天地的魚室。我後來決定把缸子都提升到全自動的系統缸，目前我有 148 個缸子。

　　後來在經濟基礎比較強之後，我跟不同的玩家買過不同的品系的孔雀魚。我現在最喜歡的是燕尾和蕾絲。目

前魚室內的魚種有藍草、金屬藍草、紅蕾絲、白子野生色紅蕾絲、藍蕾絲、黃蕾絲、黃蛇王緞帶、莫斯科藍、馬賽

藍草尾

克和日本藍藍尾。我在這三年內不斷的用馬賽克和紅蕾絲來創作，目的是使用蕾絲母魚和馬賽克公魚來獲得馬賽克蛇王。我試圖通過這種方式導入不同的基因來創作，不過這都是屬於試驗階段。孔雀魚的魅力就是從基因開始！

我的每日飼養流程分為三次，每一天大概會花上三個小時在投餌、換水和篩選。每天清晨 5 點，上班之前，我會先餵食乾飼料，下午四點下班之後我會餵食豐年蝦無節幼蟲，晚上 9 點休息之前會再餵食一次。另外，我會在每週末餵食一次絲蚯蚓，以增加我的魚兒的蛋白質攝取量。每日換水率為 40％ 至 60％。身為教師，在學校假日期間，我就會為我的魚缸進行消毒和清洗，然後就是把一些不適合拿來育種和繁殖的魚淘汰掉。

我相信每個玩家養魚的最終目的，就是自己的魚可以受到肯定，於是我開始參加比賽。2018 年我第一次參加了由泰國舉辦的孔雀魚比賽，那時候很僥幸的，我的藍草得了第六名，雖然不是令人很滿意的成績，不過也算是對自己的一個鼓勵。接下來，我參加了由吉蘭丹孔雀魚協會組織的一次小型孔雀魚比賽中得了一項冠軍。還有就是東馬詩巫孔雀魚俱樂部的比賽，我的紅蕾絲獲得了冠軍和亞軍。逐一的自我提升和得獎經驗，讓我深深知道，在孔雀魚的道路上，我不能怠慢和鬆懈。2018 年檳城的賽事，我當了實習評審，這次機會也讓我能夠跟各國的評審學習！

我會嘗試繼續學習和養殖孔雀魚，特別是在遺傳學方面。如果沒有馬來西亞孔雀魚玩家的鼓勵，我可能無法繼續這種愛好。因此，這次 Andrew Lim 提供的報導機會可能會激勵我在孔雀魚的領域更加用心和努力。

我也常常在臉書上跟其他孔雀魚玩家學習孔雀魚遺傳學，他們總是提供指導而不求回報。我希望可以借此機會，讓更多馬來西亞玩家認識孔雀魚之美，也希望未來我可以創作出自己的代表作，為大馬爭光！

Tuan Norul Amri 於魚室內和得獎的獎盃合影

金屬黃草尾

日本藍藍尾

Tuan Norul Amri 創造的蛇紋馬賽克

藍馬賽克

被遺忘的水立方 陳康桐

文／圖：陳康桐　編輯：林安鐸 Andrew Lim

陳康桐攝於自家魚室前

　　2015 年，在設置辦公室時，覺得有點空蕩蕩，覺得放個魚缸幫助風水也不錯。到了水族店時，被他們的造景缸深深吸引，把頭緩緩地靠近魚缸彷彿進入了水底，看著魚兒遊，當下才驚覺小時候看著爸爸的魚缸，不也是這種感覺嗎？在尋找適合的小魚時發現一種孔雀魚特別漂亮，也賣得比一般貴！決定先上網尋找資料，網路搜尋器帶出來的就是視覺炸彈，前所未聞的孔雀魚 - 純品系孔雀魚。

　　早前都是透過虹吸的方式換水，由於工作性質的關係時常都把魚養得普普通通。2016 年，我和朋友初次到台灣拜訪玩家，驚覺台灣的純品系孔雀魚廣泛發展和系統缸的普及性，相比吉隆坡的水族店家偶爾才出現一

台灣製的排水閥

補水開關

濾水器

魚缸的後方設計有排水孔，並以滴流的方式來補水，若外出或忘了關水喉管的話，魚缸的水也不會溢滿出來

些的純品系孔雀魚，真是可悲。這一趟不但讓我們大開眼界，接觸了許多資深玩家獲益不淺還增進了友誼，而系統缸更是我覺得養孔雀魚最偉大的設計，當下我們都買了許多器材和種魚興致勃勃地回國，那種感覺至今還記憶猶新。

　　回國後在家自己摸索組裝，把台灣的系統缸大概複製了一套，期間心中有個念頭，要是吉隆坡也能有間孔雀魚專賣店及提供系統缸的器材，就更容易推廣也能讓孔雀魚愛好者有個好去處。而這機會終於在 2018 年年底落實。從排水的閥門、空氣調節閥到氣舉式底板。使用的器材依然是台灣進口的。透過系統缸的管理，希望魚的品質能夠有所提升。

陳先生採用大磯石的半裸缸設計，除了益於培菌，在日常打理上也會比較方便

藍禮服

白子藍禮服

導入艾爾銀基因后的第二代（F2）過程魚，目標是改成艾爾銀黃蕾絲小圓尾

　　目前的魚室擁有 140 缸，可以說是吉隆坡首間孔雀魚專賣店，希望日後能夠進階 3 倍以上的數量。我們採用半裸缸的設計，讓打理更為容易。大磯石除了能夠達到養菌的效果，還可以避免換水時不小心把愛魚沖掉。魚缸背部設有溢流縫，當一時忘記關水也不會水流滿地，解決了補水時提心吊膽的擔憂。補水是以滴流的方式，避免進水過急導致魚兒不適而病，這是新手們需要注意的。

　　魚缸對我們來說就好比女人的衣櫥，永遠都少 1 個。

　　目前還在摸索著蛇紋圓尾、藍禮服、白子藍禮服、藍孔雀、艾爾銀雙劍、藍馬賽克和白子紅蕾絲。圓尾及雙劍系的壽命比較長，但三角尾的魅力也無法擋。本身比較喜歡擁有顏色強烈對比的品系，所以目前在穩定這艾爾銀黃蛇圓尾，日後希望也能夠培育出不同顏色搭配的品系。

艾爾銀雙劍

孔雀魚好玩的地方就是能夠搭配不同的顏色，從頭部、身體、腰身、尾巴，還有不同的尾型搭配等等。有人問孔雀魚有多少種，我也還在等這個答案。

偶爾周邊有的人會自吹自擂自己以前的陶瓷缸都生得一堆小魚是多麼厲害，他們不明白那只是大自然法則，只稱得上是在維持下一代而已。純品系孔雀魚說得高傲點，根本就是在玩基因學，應該說凡事在培育觀賞魚的，都是玩弄基因的。一對優良的孔雀魚若是對它的基因不了解，沒維持好也沒照顧好，最終還是會淪落為淘汰魚。

我們應該感恩前輩們無私地相授，他們所耗的精力與金錢是我們無法想像的。加油吧，同好們！

陳先生每天都會花 4-5 個小時在打理魚室。每日的餵食換水和篩選都是不可缺少的流程

一個理論派的自白

文：青島和弦（崔學初）

從一名孔雀魚愛好者逐漸升級為品系孔雀魚玩家之前，我覺得要先給自己一個方向。那麼按照坊間對於玩家的分類基本可以分為兩大類：

古典派：扎實的養殖功底，明確各個品系及品種的特點，掌握挑選種魚的各個細節。很多大玩家都是古典派的，在我飼養孔雀魚的這些年裡面，他們分享的很多經驗也讓我迅速的成長了起來！

理論派：以普通遺傳學為基礎，結合孔雀魚的基因類別和遺傳模式，進行老品種的改良或從未有過的新品種製作的一個派系。新人或者說更多的年輕人喜歡理論派的玩法，這種玩法非常的富有挑戰和樂趣。

兩大派系都經常提到：改魚，但是在實際操作中卻有一些區別。

古典派的代表思想，我喜歡用 1+1=2 來表示，設定好一個目標，走一步看一步，步步為營，最終實現目標魚表現的完成與血統的穩定。

理論派呢？屬於前人栽樹我來乘涼的類型，也是勇於推動孔雀創新的一派，前提是掌握並瞭解孔雀的基本基因和基本遺傳規律，這些理論當然是全世界各國人民智慧與毅力的結晶，我們就拿來主義的使用了。理論派的代表思想是 2=1+1 目標和步驟很明確，設定好目標後，先進行推導，用理論的方式看是否可行，如果可行，那麼為了得到「2」就需要找到兩個「1」。如果沒有，就自己動手做，過程同樣是 2=1+1。當然過程中運氣也很重要。算是改良與穩定新品種最快捷的方法之一。

因為我是「理論派」的！所以我推薦比較主流的基因理論，雖然這套理論還不是那麼健全，但無疑是現在最有效的一套方法。如果你也是一名喜歡摳牆縫的同學，那麼我們就試著從基礎開始，總結以往經驗並把這套理論健全起來吧！

首先你要做的是：對高中生物課本的溫故知新。大部分的理論高中生物課本已經說的比較詳細，捎帶的補補英語，以後能用到！如果覺得時間足夠，找幾本遺傳學方面的書來看看。比如《普通遺傳學》

接下來，就開始瞭解一下孔雀的一些基因以及遺傳特點。

概念和名稱：染色體、常染色體、性染色體、伴性遺傳、限性遺傳

染色體：

是真核細胞在有絲分裂或減數分裂時遺傳物質存在的特定形式，是間期細胞染色質結構緊密包裝的結果，是染色質的高級結構，僅在細胞分裂時才出現。

常染色體：

指染色體組中除性染色體以外的染色體，在孔雀魚的改良中我們也叫「體染色體」這屬於一個並不嚴謹的名稱，但是為了大家看起來舒服，我下邊也用這個名稱了。

性染色體：

在性別發育中起決定性作用，稱為性染色體。孔雀魚的性染色體為「X,Y」模式。

伴性遺傳：

是指在遺傳過程中的子代部分性狀由性染色體上的基因控制，這種由性染色體上的基因所控制性狀的遺傳上總是和性別相關，這種與性別相關聯的性別遺傳方式就稱為伴性遺傳，又稱性連鎖（遺傳）或性環連。許多生物都有伴性遺傳現象。在孔雀魚的遺傳中我們大多數時間把伴性遺傳理解為：伴 X 基因的遺傳。

限性遺傳：

是指常染色體或性染色體上的基因只在一種性別中表達，而在另一種性別完全不表達。在孔雀魚的遺傳中，我們只討論伴 Y 基因的遺傳。

有了概念我們就開始進行一些簡單的論述了。

任何物種的持續和繁衍都需要一組特定的遺傳密碼，這也就是我們所謂的基因。這麼說其實有點籠統，遺傳物質應該包括 DNA 和 RNA，甚至還有細胞質遺傳。我們先在基礎層面進行一些簡單的學習和應用，所以一開始的學習過程我們要認為這些理論是絕對的。

注意：

如果全面看過遺傳學知識的朋友，可能會覺得孔雀魚中的某些基因概念論述並不嚴謹，我開始的時候也有這種想法，原因是用遺傳學來分析孔雀魚的基因，初始階段並沒有必要在最高層面上進行分析，這也是為了讓更多的愛好者容易理解並掌握這套方法，於是選用了這種並不嚴謹卻容易理解的方法來論述的原因。

那麼，基因決定了某種生物的所有遺傳性狀，表現為外部特徵和內部構造，說的簡單點基因就是建造生物體大廈的圖紙。

傳統理論認為：孔雀魚的染色體是 23 對 46 條，和我們人類一樣，當然有的理論是說 24 對 48 條，隨著新品種的出現甚至會有再次加倍的品種。這個不是那麼的重要，只作簡單瞭解就行，所以，這裡以 23 對來做討論，其中 22 對為體染色體，1 對為性染色體。

先說說性染色體，就是決定這條魚是公是母的一對染色體。孔雀魚為 X，Y 性別遺傳的生物，性染色體為一對；兩條（看不明白的返回去看看課本或基礎文章）。

我們表示為：XX（♀、母魚）及 XY（♂、公魚）

根據孟德爾的分離與自由組合法則：母魚的染色體分離為 X、X 公魚的分離為 X、Y，再進行自由組合。母魚的其中一個 X 如果碰到了公魚的 X，那子代就是母魚（XX）。如果碰到了公魚的 Y，那子代就是公魚（XY）也就是說子代的性別在遺傳層面是公魚決定的。

下面我們來說說，X 和 Y 都有什麼特點，涉及到一點比較專業的詞彙了，限性遺傳 Y 與伴性遺傳 X。

很多初養孔雀的朋友都會發現孔雀魚的公魚要比母魚漂亮很多，原因是因為孔雀魚公魚的 Y 染色體上帶有很多花色基因，比如我們常說的珊瑚、聖塔、日本藍等等。簡單的說幾乎所有身體上顏色和花紋的基因都在公魚的 Y 染色體上，所以孔雀的 Y 染色體要比 X 染色體長。當然如果已經談論到瑪姜塔（magenta）等涉及體染色體發色基因的時候，就要在明確這些特點的基礎上進行討論了。這裡我們先要解決的是孔雀魚遺傳當中最基礎的，至於以後的變化屬於活用基礎，先來練好基本功，對以後的活學活用和融會貫通會有很大的幫助。

限性遺傳特點是：父傳子

伴性遺傳特點是：母親傳給所有子女

當然實際觀察，伴性遺傳是由公魚和母魚來共同決定的，因為公魚也有一個 X。

伴性遺傳有幾個比較典型的品種：

禮服系的禮服斑（腹部到尾柄的黑斑）是伴 X 遺傳的，所以我們就會看到禮服的公母都帶有禮服斑。

馬賽克，所有馬賽克的公母尾巴都會有花紋。

藍草，部分紅尾等都屬於伴性遺傳。

伴性遺傳的道理很簡單在魚上的特徵也很明顯，因為母魚是由兩個 X 組成的，無論如何子代都要有一個 X 從這條母魚來！所以子一代都會攜帶。但是在做衍生的時候不要忽略爸爸也是有 X 的哦，當伴性遺傳為顯性時雜交子代中所有都會表現。這個比較典型的就是禮服品系，試驗可以用其他的品系來和禮服雜交，如果母魚為禮服母魚，子代中都會帶禮服斑。（注意這裡說的是純理論，至於性染的遺傳是一個很龐大的課題，要一個一個的分析，留作以後細談。）

下面我們來說說體染色體，也就是拋去 XY 剩下的 22 對染色體。

主要想分這麼幾個要點：體染概念的介紹，體染的作用範圍，還有複雜一點詳細到體染的一些基因型。

體染色體是指除了性染色體之外的其他染色體，也是成對出現的，數量很龐大。但是在花色這個範圍里起決定作用的基因相比性染要少。所以就先從主要方面入手，體染主要控制魚的體色。比如我們所說的白子、黃化和藍化等等，還有鰭型比如緞帶、燕尾、延長背，一些特殊尾型（矛尾、圓尾、劍尾……）等等，近幾年比較火的大背基因也是屬於體染裡面的。

討論一下體染對於鰭型遺傳的影響，在實際操作和部分理論中，我總結了一下很多鰭型的遺傳都是在體染色體上的。說說大家都比較感興趣的大背，當然大背中最具有代表性的有幾個品種，黃禮服、藍禮服、藍草和全紅等雖然都稍有差異但是我們在討論的時候去異求同，導致背鰭變大的基因有幾個，但最根本的我覺得可以總結為兩個基因，硬骨基因和延長背基因，兩個基因的起源我有試著求證過，資料比較龐大繁瑣，直接說結果：一部分源自中國大陸的一個名叫「高帆火炬」的品種，另一部分傾向於異種雜交，變異也是有可能的。因為鰭型的變異尤其是鰭的延長變大對於魚類來說是很常見的，但是這種遺傳可能是由一個或幾個基因共同來控制表現為所有的鰭都延長，像孔雀的這種某個鰭單獨的變化是由變異引起的可能性比較低。PS：金魚也比較特殊，從尾鰭到背鰭只靠突變就出現了很多變化，變異的出現與保留跟時間存在一種共同增長的默契。

體染也是我這兩年主要在研究的，下面的這只母魚的尾巴就是通過改變或優選體染色體的手法得到的，這個基因很多朋友喜歡叫他「大尾」基因，是一個遺傳模式接近不完全顯性的基因。注意這是我的理解可能並不嚴謹，這麼說是為了方便理解，當然了這也不全是我一個人努力的結果。

圖中照片為 08 年左右的老照片，用來與今天的一些相關品種作對比的時候要考慮到時間因素。在當時母魚基本都是小尾型，這張照片被我貼在網絡上之後，一夜成名。

下面又是純文字的東西，這個是很關鍵的一個要點，甚至我現在還有點模稜兩可，先寫下來方便大家理解記憶。

我們上面說到了鰭型，還有很重要的另一個部分是由體染色體決定的，那就是體色。

首先想說的是幾種表現，幾乎是老生常談，相關資料也很多，但雜亂，主流的兩大理論體系用了不同的符號來代表，很容易把人搞糊塗，但是核心理論是一樣的，我選用一套比較方便理解的用英文單詞首字母代表的來進行闡述。

先引入兩個基礎概念：顯性基因和隱性基因。

顯性基因：用來形容一種等位基因，在決定子代的相對性狀表現的等位基因中，力量較強的、能決定子代性狀表現的基因。

隱性基因：是支配隱性性狀的基因。在二倍體的生物中，在純合狀態時能在表型上顯示出來，但在雜合狀態時（碰到顯性基因）就不能顯示出來的基因，稱為隱性基因。

簡單記憶：顯性基因能掩蓋隱性基因的表現。

在體染色體這一部分隱性基因比較多，主要作用可以簡單理解為：在對細胞合成色素能力方面的影響。下面列舉一些隱性遺傳的基因，再簡單說說他們之間的相互疊加。

看看基本分類和代表符號：

先通過一個表現：真紅眼，來說明一下代表符號的由來：真紅眼的符號為：rre 小寫代表隱性遺傳，為什麼要用這些字母呢？

rre=real red eye，就是這麼簡單！所以：

	英文	代表符號
白子	albino	aa
黃化	golden	gg
藍化	blue	bb

上面幾個是單個基因，然後他們可以組合起來：

白化：基因組合表現，代表符號：bbgg

超白：基因組合表現，代表符號：aabbgg 或 aaBbgg（因為藍化基因是不完全顯性基因所以超白有兩種基因型）

野生色：也叫普通體，可以理解成原始品種，根據上面理論，基因組合形式有很多種比如：AABBGG；AaBbGg；AaBBGG 等等。

簡述一下這些基因的情況並結合實際觀察中所對應的一些表現。

練習題：
上邊的論述中少了兩種組合表現：aabb
與 aaBb，這兩種基因型最常出現在藍禮
服白子（天空藍）的子代中，請在日常飼
養中嘗試進行對照與分析。

藍草尾公魚　　　　　　　　　　　　　　　小成

白子基因：隱性基因，造成孔雀魚基本無法合成黑色素。所以白子孔雀魚的眼睛是紅色的，白子基因起源眾說紛紜，但更傾向於異種雜交。代表品種：全紅白子

黃化基因：隱性基因，影響合成黑色素的能力，但不是完全無法合成，所以孔雀魚黃化個體的眼睛是黑色的。代表品種：黃化全紅

藍化基因：不完全顯性基因，影響黃色或者紅色色素合成的一個基因。代表品種：藍草尾

藍化基因需要單獨的細說一下，因為藍化基因的遺傳具有特殊性，在一部分藍草，藍馬賽克，藍禮服或其他品種孔雀魚上的表現不僅僅是顯性與隱性兩種。藍化基因與其他體色基因的共性是都為隱性，bb 為藍化體。但是藍化體的觀賞價值並不高，這裡要涉及到另一個概念，不完全顯性。

藍草尾母魚　　　　　　　　　　　　　　　小成

不完全顯性：是指具有相對性狀的純合親本雜交後，F1 顯現中間類型的這一現象。

借用我 2007 年 5 月編輯的一篇小文，我們用藍草來做實例分析：

藍草的起源我們放到以後理論升級的時候做討論，只瞭解一開始的品系藍草遺傳模式不是不完全顯性的，而是象其他一些品種一樣藍草生出的全部是藍草。後來因為部分玩家使用了一種源自東南亞地區的名叫「綠翡翠」（因為是商品名稱可能有過很多種稱謂）的藍色表現的品種來加強藍色表現，這一舉動就從血統上帶入了藍化基因，於是就出現了現在我們所熟知的藍草，即不完全顯性的 Bb 的這種如照片上的表現。

真是迷倒了很多孔雀愛好者啊，於是這個品種迅速的風靡了起來。

不過很多人苦惱的是藍草的維持，本身一線維持就已經很麻煩了，又要增加三個需要挑選和淘汰的表現型。但是為了完美的呈現一種美麗，我們還是默認並愛上了這些品種。

理論上的一些要點：

經典藍草表現的基因是在體染色體上的，代表符號為 Bb，其中 B 代表顯性基因 b 代表隱性基因。

那麼子代中：當顯性純合的時候（BB）表現為紅草！當隱性純合的時候（bb）表現為藍化！只有當一顯一隱的時候（Bb）才是我們所喜歡的藍草表現，這個就是很多剛剛選擇這個品種的朋友陷入的一個誤區：開始會認為藍草子代出紅草是因為血統不純，其實就是因為藍化基因的表現形式決定了藍草肯定是要出紅草的。其比例是所有子代中的 1/4，同時藍化體也是 1/4，而出藍草的幾率只有一半！

看到這裡很多朋友會有這樣的想法：用藍草公魚與母魚來維持的做法是很笨的！因為如果用紅草公魚來交配藍化體母魚這個方法在理論上是可以 100% 出藍草的！但是這種想發不一定行得通，因為不完全顯性的表現可能會出現跑偏的情況。主流的做法還是好的藍草公來做種，關於藍草母魚的挑選重點在尾背，母魚的基因型（BB,Bb）不容易從直觀的表現上看出來，但是可以從子代的表現中推導出來。

藍化基因的模式掌握是很關鍵的一個點，因為藍化算是一個在體染上影響發色的比較基礎的基因。在對藍化基因的研究中我選擇了一個品種來做衍生，那就是安哥拉司，因為是原生魚血統比較純正，基因也很強勢如果小安能發生改變，基本就說明別的品種也幾乎都是可能的了。

下面是兩種原始紅色與改變後藍色型的對比照：

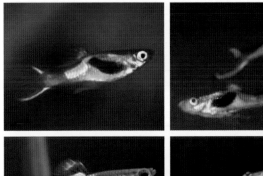
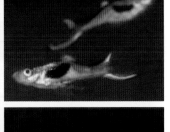

從藍色表現型身體上的紅斑可以看出原來的發色基因非常強勢，這種強勢延伸到子代中導致了子代藍色很少的情況，這個不符合理論卻又合乎常理，需要用心的理解一下。相互的影響我喜歡用八個字來形容「相輔相成，此消彼長」這個也可以用來形容不完全顯性基因的表達方式。後來我用子代自交，得到藍化體後，用藍色來打藍化體，得到了大量的藍化體。用紅色來打藍化體理論上可以百分百的到大量藍色型的。但是在實際操作中還是出現了少數紅色表現。

在總結了經驗以後我就嘗試了一下做其他衍生種，目標選擇的是蕾絲蛇王，蕾絲基因雖然較強勢，但是跟小安比起來要容易很多，按照小安的模式就得到了下面的魚

藍蕾絲

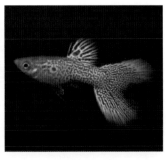
藍蕾絲

相比蕾絲更難一點是在於母魚的選擇上有興趣的朋友可以一試。

再說說疊加組合黃化基因和藍化基因，體染的兩個隱性基因，每種純合後就會有相應表現，最容易看到的是黃化的全紅，和藍草的藍化體。當兩種純和疊加的時候表現就直接是白化，即：白化 = 黃化 + 藍化。但白化眼睛理論上可以是黑的！

真紅眼：隱性基因，和白子是不同的基因，個人認為真紅眼反而更接近白化，要證明白子和真紅眼不是一個東西很簡單，只要用白子和真紅眼來雜交，子代會表現為野生色。原因是因為相互的顯性掩蓋了相互的隱性基因。難的是要首先瞭解各種基因的特性然後區分開來。

超白：其實超白就是三重隱性純合，白化已經是雙重了 bbgg 然後再加一個就可以，剩下的那個可以是白子基因，也可以是真紅眼基因。如果與真紅眼基因疊加，就是真紅眼超白，個人認為是個比較難飼養的品種。因為弱勢的體質加上不好的視力，在實際操作中，這種個體的眼睛已經變成了黃色或者黃白色。比較常見的超白是白化與白子的疊加，有兩種可能會導致白子超白，一種是白子白化，全部為隱性即 aabbgg。另一種就比較有趣，是關於藍化的，因為藍化在不完全顯性的時候表現會偏向藍化，所以當藍化為 Bb 的時候也會是白子超白即 aaBbgg 所以白子超白會有兩種基因型。這個也就是大家會發現自野生色出來的白子超白很難純化的原因，因為很難從表現上把藍化的顯性 B 去掉，只能碰運氣。要製做白子超白直接用白子和白化體是最簡單直接的。

這些問題看起來是個圈，其實都是直線，交叉點就是白化或超白。實際操作中要注意保留攜帶基因的野生色，是做種或維持的工具魚。

從另一個方向再描述一下方便大家理解：很多體色基因其實應該算是控制先天合成黑色素能力的基因，超白就是幾乎不能合成，白子有一點，黃化再多點，藍化基本不受影響（甚至在某些品種上因為限制了其他的色素會有加重的感覺），最多的是野生色。

理論大概瞭解了，下面結合實際操作來說說幾個比較實用的體色基因的運用。

首先要說的是白子和黃化，白子和黃化如上文中提到的，是隱性基因。實際操作中，當白子與純顯性的野生色交配（aa+AA），子代表現用孟德爾法則可知，全部為 Aa 都是野生色。想再得到白子可用子代反交親本的白子或者子代自交都可以得到半數的白子。

下面的幾個問題是新手經常碰到又百思不得其解的：

問：為什麼白子和白子會生出野生色？

答：可能是白子碰上了白化或者真紅眼之類的表現，這兩種的表現極其接近，讓飼養者產生了混淆即親本不是真正的白子與白子！所以相互的顯性掩蓋了相互的隱性，子代表現為野生色，觀察到的是完全正確並符合理論的結果。

問：為什麼野生色會生出白子？

答：因為你的野生色親魚雙方都攜帶白子基因，注意隱性基因的特點是不表現不等於不攜帶！在自交的基因自由組合的過程中白子基因碰到了白子基因相互疊加後形成純合，於是就出了白子表現的魚。

問：為什麼白子自交出的全部是白子？

答：因為白子是隱性基因，隱性基因的好處是一旦表現，接下來只要同線自交子代就基本一直是這樣了，這是隱性基因一個優點。黃化的道理和白子幾乎完全相同，只是眼睛是黑色的而已。

留個作業，在全紅的維持當中，我們會選擇一個做法：用白子和黃化來做雜交，那為什麼子一代全部是野生色全紅？如果想要白子該怎麼繼續來做下一步？

參考答案：

我們來用符號表示一下，因為是兩個基因，所以在理論上白子的基因型應該是 aaGG 而黃化的應該是 AAgg。這兩個基因在雜交的時候相互的顯性掩蓋了隱性。子一代的基因型全部為 AaGg 所以全部為野生色。如果不是，那麼說明親魚在以前曾經被維持過，或帶有部分隱性基因。想要白子的話應該子代自交或者反交親本白子，至於操作路線的和方式不同可能會出現不同結果，因為親本的選擇會直接影響子代的表現，這個希望大家在做魚過程中考慮仔細。繼續以全紅為例推薦一個我的思路：考慮到紅魚身體顏色基本都是限性遺傳，尾色公母都已經經過優選這一個前提，而鰭型在體染，所以挑選公魚傾向整體顏色的統一和飽滿程度而母魚傾向尾色、體型、鰭型等。

隨著孔雀魚的品種延伸與發展，越來越多的新品種推動了市場並帶動理論層面進行相應的升級，結合實際操作觀察，祝願大家改良出屬於自己的孔雀魚新品種。

寫在文末：本篇文章節選自 02 年 ~09 年我所編輯的一篇流水賬式的長篇記錄貼《孔雀咒》，文中部分內容作了調整和修改，但是只能在基礎層面上貼近當代的各個孔雀魚品種，如有紕漏，請大家批評指正。

崔學初（和弦）

2019 年 7 月

第23届中国国际宠物水族展览会

C·I·P·S
China Int'l Pet Show

CIPS'19

2019年11月20-23日

上海·国家会展中心

中国宠物行业领航者

1,500	**130,000**	**65,000**	**100**
家展商	平方米	名专业观众	个国家

长城国际展览有限责任公司

联系人：刘丁 张陈 任玲 孟真

联系电话：010-88102253/2240/2345/2245

邮箱：liuding@chgie.com,zhangchen@chgie.com
renling@chgie.com,mengzhen@chgie.com

同期活动： 长城创新奖、"长城杯"世界观赏鱼锦标赛、全球宠物（亚洲）论坛、长城世界宠物美容大会、宠投会、新品发布秀、新品展示区、中国纯种犬职业超级联赛。

龙巅鱼邻
——观赏鱼交流APP，
赶快来下载，与鱼友一起交流吧!

水族世界　有鱼择邻

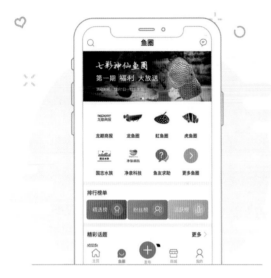

汇聚龙虎魟鱼等18类观赏鱼，随时随地交流养鱼技巧，发现身边的养鱼达人。

集聚业内权威玩家及水族参考文献，为鱼友提供全面、详细、丰富的养鱼基础知识。

水族商家云集，周周折扣、拼团、秒杀等花样活动带你嗨翻全场，乐享购物狂欢。

零距离大咖互动，更有连麦、打赏、拍卖、直播店铺等功能助阵，为鱼友提供多样化的直播体验。

头条

第一时间捕捉水族相关的新闻时讯，
赛事活动，奇闻趣事等；

品牌圈

活动专区独家栏目助阵，门店矩阵宣销系统
辅助，粉丝强交互，塑造品牌，打造经典！

附近

支持一键拨打、地址导航，更有鱼
邻品牌商认证推荐，助力鱼友发现
周边品牌水族商。

二手

鱼友/鱼商可将自己要交易的信息发至二
手-鱼友交易版块，在线交易安全放心；

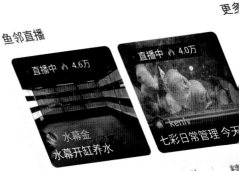

更有周周活动不间断，精彩福利享不停哦~

multifunction
CLIP LIGHT-SMALL BALL
USB多功能小圓球夾燈

PRO-LED-MF-R

ball tank

square tank

USB connector

multifunction
CLIP LIGHT-MINI
USB多功能迷你小夾燈

PRO-LED-MF-MI

- *Fashion design that provides a elegant style.*
- *Adopt high luminance LED lamp.*
- *Energe saving, long life.*
- *Environmentally friendly.*

- 時尚設計，優美造型。
- 採用高亮度LED燈泡。
- 節能省電、環保、壽命長。

USB connector

multifunction
SMALL CHANDELIER
USB多功能1W小吊燈

PRO-LED-MF-1C

上鴻實業有限公司
UP AQUARIUM SUPPLY INDUSTRIES CO., LTD.

大陸：TEL：+86-760-89829593　FAX：+86-760-89829593
QQ：2696265132　e-mail：upaquatic@163.com
台灣：TEL：+886-3-4116565　FAX：886-3-4116569
http://www.up-aqua.com　e-mail：service@up-aqua.com

www.up-aqua.com